Ruth Enzler Denzler

Karriere statt Burnout

Ruth Enzler Denzler

Karriere statt Burnout

Die Drei-Typen-Strategie der
Stressbewältigung für Führungskräfte

orell füssli Verlag AG

Autorenwebsite: www.psylance.ch

© 2009 Orell Füssli Verlag AG, Zürich
www.ofv.ch

Redaktionelle Bearbeitung: Dörthe Binkert
Grafiken: Rodolfo Sacchi, Zürich
Umschlagabbildung: © gettyimages (David Muir)
Umschlaggestaltung: Andreas Zollinger, Zürich
Umschlag Autorenporträt: Stefan Baumgartner
Druck: fgb • freiburger graphische betriebe, Freiburg

ISBN 978-3-280-05318-8

Bibliografische Information der Deutschen Bibliothek: Die Deutsche Bibliothek
verzeichnet diese Publikation in der Deutschen Nationalbibliografie; detaillierte
bibliografische Daten sind im Internet über http://dnb.d-nb.de abrufbar.

Inhalt

Einleitung

Dieses Buch richtet sich an Menschen, die im Beruf Verantwortung tragen, einer hohen Arbeitsbelastung ausgesetzt sind und ohne Burnout Karriere machen möchten. Das ist jedoch nur möglich, wenn man sich der Stress- und Belohnungsfaktoren im Beruf bewusst ist und gleichzeitig über wirksame Stressbewältigungsstrategien verfügt. Mich selber hat das Thema, wie man mit Stress erfolgreich umgehen und Burnout vorbeugen kann, während meiner langjährigen Tätigkeit bei einer Großbank und später auch im Studium immer wieder fasziniert. Ich konnte Menschen beobachten, die mit ständiger hoher Arbeitsbelastung problemlos zurechtkamen, während andere in einer vergleichbaren Situation krank wurden. Das brachte mich darauf, näher zu untersuchen, wie verschiedene Menschen auf Stress- und Belohnungsfaktoren reagieren und wo die Unterschiede liegen.

Im Rahmen einer umfangreichen wissenschaftlichen Arbeit habe ich vierzig Spitzenführungskräfte aus Wirtschaft und Verwaltung zu diesem Thema interviewt. Von ihnen lässt sich vieles lernen, was den Umgang mit Stress angeht; sie dienen im vorliegenden Buch immer wieder als Modell. Die Untersuchungsergebnisse waren so eindrucksvoll, dass sie für jeden, der Karriere machen will, relevant sind. So ist dieses Buch entstanden.

Es baut sich folgendermaßen auf:

Im ersten Teil des Buches frage ich zum einen danach, was im Berufsalltag stresst – also nach den sogenannten Stressfaktoren –, zum anderen frage ich danach, was Menschen diesen Stress in Kauf nehmen und ertragen lässt – das nenne ich die Belohnungsfaktoren. Ich werde zeigen, dass Stress- und Belohnungsfaktoren im Gleichgewicht sein müssen, damit wir vor Burnout geschützt sind. Es gibt jedoch nicht das eine Stressbewältigungs-Rezept. Die Wirksamkeit einzelner Stressbewältigungsstrategien ist vom Persönlichkeitstyp abhängig. Menschen empfinden Stress sehr unterschiedlich. Nicht jeder leidet gleich stark unter einem schlechten Betriebsklima, und nicht jeder bezeichnet Einkommen als wichtigsten Belohnungsfaktor. Auch in den Stressbewältigungsstrategien unterscheiden sich die Individuen voneinander. Nicht jede Stressbewältigungsstrategie hilft grundsätzlich jedem.

Ich bin auf drei Persönlichkeitstypen gestoßen, die sich hinsichtlich der Faktoren Stress, Belohnung und Bewältigungsstrategie unterscheiden lassen. Anhand eines Fragebogens in diesem Buch können Leser und Leserinnen herausfinden, zu welchem Typ sie selbst gehören. Das hilft zu erkennen, welche persönlichen Bedürfnisse und Prioritäten abgedeckt sein müssen, damit die Arbeit als befriedigend erlebt wird, und welche Strategien nötig sind, damit Stress nicht zum Burnout führt.

Als Gerontopsychologin habe ich mich auch damit beschäftigt, wie sich unsere Ressourcen mit dem Älterwerden verändern und was das für unsere Leistungen im Beruf bedeutet. Die Ergebnisse erachte ich als sehr nützlich für eine vorausschauende Karriereplanung. Deshalb habe ich sie in einem zweiten Teil des Buches integriert. Dort geht es um die Entwicklung der spezifischen Leistungsfähigkeiten im Alter.

Im dritten und letzten Teil des Buches beschreibe ich das Phänomen Burnout. Burnoutprävention kann nur sinnvoll betrieben werden, wenn die potenziell Betroffenen wissen, an welchen Symptomen sie den Burnoutprozess erkennen können. Wichtig erscheint mir auch das Kapitel über die Unterscheidung und Abgrenzung zu psychischen Erkrankungen. Burnout ist keine psychische Krankheit, kann jedoch Vorbote einer solchen sein.

In einem abschließenden Kapitel beschreibe ich Strategien,

die aus der Burnoutkrise führen und die Wiedereingliederung in den Arbeitsalltag möglich machen sollen. Doch nicht nur das: Die hier gegebenen Empfehlungen sollen auch helfen, einem späteren Rückfall vorzubeugen. Wird ein Burnout frühzeitig erkannt und von einer Fachperson sorgfältig begleitet, stehen die Chancen gut, einen Rückfall zu vermeiden.

Teil I

Kapitel 1

Basics zum Thema Stress
im Arbeitsleben

Gehören Sie zu den Menschen, die keine Probleme, sondern nur Lösungen kennen? Die nur Herausforderungen sehen und für die Stress kein Thema ist? Dann haben Sie die Karriere groß in das Pflichtenheft Ihres Lebens geschrieben! Und was sagen Sie bei nochmaligem Nachfragen, ob Sie sich im Beruf denn auch hie und da ärgern, unruhig und ungeduldig sind oder berufliche Themen nachts wie aus dem Nichts auftauchen und Sie am Schlafen hindern? Antworten Sie vielleicht, «ja, das kommt vor»? Wenn Sie zudem der Meinung sind, dass die berufliche Verantwortung ständig zunimmt, die zeitliche Präsenz sehr hoch ist und Sie in sehr kurzer Zeit sehr viel zu bewältigen haben, so dass Sie kaum zum Nachdenken kommen, dann haben wir die vorherrschenden Stressfaktoren im Beruf schon beisammen. Viele von Ihnen meinen, dass dies zum heutigen Berufsalltag dazugehöre und dass dagegen nichts zu machen sei. Dies ändert jedoch nichts daran, dass Sie von Stressfaktoren umgeben sind. Einige von Ihnen werden möglicherweise auch der Ansicht sein, dass das Einkommen im Verhältnis zum Aufwand höher sein dürfte, die Vorgesetzten oder Mitarbeiter vermehrt anerkennende Worte für Ihre Leistung finden könnten oder Ihr Vorgesetzter Sie hierarchisch höher positionieren könnte! Damit beginnt auch schon der Stress! Stellen wir uns eine Waage vor, auf der die Arbeitsbelastung bzw. die Stressfaktoren auf der linken Seite wie Steine aufgetürmt werden, und auf der rechten Seite liegen die Steine der Belohnungsfaktoren, die als Gegengewicht wirken. Ausbalanciert ist die Waage dann, wenn Stress- und Belohnungsfaktoren gleich viel wiegen. Werden die Stressfaktoren subjektiv schwerer als die Belohnungsfaktoren empfunden, so sprechen wir von Stress, der auf Dauer zu einer Stresserkrankung führt. Helfen können dann persönliche Strategien, wie zum Beispiel Austausch mit guten Freunden, Hobbys und gute Organisation bei der Arbeit. Auf diese Weise können Sie den Stress besser ertragen und einer Krankheit vorbeugen. Es ist also wichtig, dass Sie Ihre Stress- und Belohnungsfaktoren kennen und wissen, wie Sie mit einem allfälligen Ungleichgewicht umgehen können. Nur so können Sie einer Stresserkrankung wie dem Burnout bewusst vorbeugen!

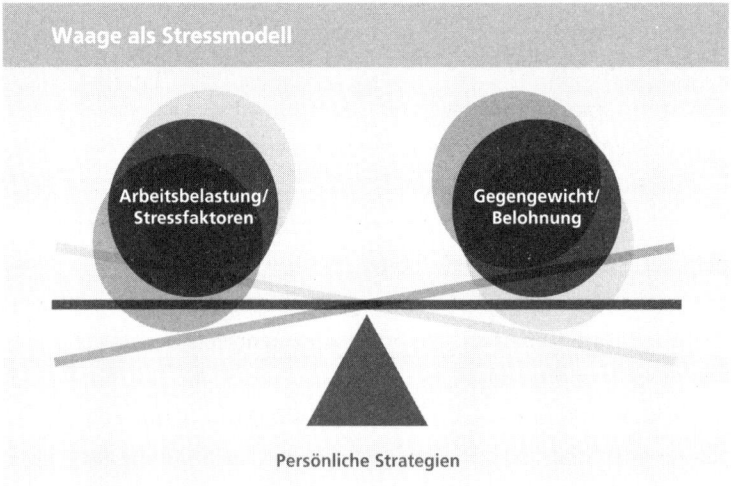

Welches sind die gängigen Stress- und Belohnungsfaktoren, und wie können persönliche Strategien aussehen? Erfolgreiche Manager, die mit Vollgas Karriere gemacht haben, berichten in diesem

Buch, wie sie mit Stress umgehen. Vielleicht erkennen Sie sich darin, vielleicht nehmen Sie dabei auch eine andere Gewichtung der hier beschriebenen Faktoren oder Strategien vor. Gut möglich, denn im Folgenden werden Sie sehen, dass Stress- und Belohnungsfaktoren sowie Bewältigungsstrategien vom Persönlichkeitstyp abhängig sind. Gerade bei den Bewältigungsstrategien ist nicht die eine besser als die andere, sondern die eine oder andere ist für Sie persönlich nutzbringender. Finden Sie heraus, welcher Persönlichkeitstyp Sie sind! Auf diese Weise können Sie nützliche Strategien in Ihr bereits vorhandenes Repertoire aufnehmen. Es ist auch möglich, dass Sie als Arbeitgeber Einfluss auf einige der hier genannten Stress- und Belohnungsfaktoren haben und diese für Ihre Mitarbeiter je nach deren Persönlichkeitstyp nützlich anpassen können. Sie können damit einen wesentlichen Beitrag an den Sozialstaat leisten! Immerhin werden in der Schweiz 1,2 Prozent des Bruttoinlandprodukts oder 4,2 Milliarden Franken zur Behandlung von Stresserkrankungen ausgegeben. In Deutschland liegen die Zahlen mit etwa 1,9 Prozent oder rund 42 Milliarden Euro noch etwas höher.

Lassen Sie uns nun mit den von den befragten Spitzenführungskräften meistgenannten Stressfaktoren beginnen.

1.1 Was stresst?

Einschränkung der Handlungsfähigkeit

«Stress ist es für mich, wenn es trotz meiner Macht und meines Einflusses nicht möglich ist, eine Situation so zu verändern, wie ich das will.»

(Exekutivpolitiker)

Einschränkung der Handlungsfähigkeit ist einer der meistgenannten Stressfaktoren bei Menschen mit höheren beruflichen Ambitionen. Sie verstehen darunter das «Aushalten-Müssen» von Situationen, die eine Entscheidung erfordern, die aber aus verschiedenen Gründen (noch) nicht gefällt werden kann. Das «Nicht-Handeln-Können» bis zum Moment, wo das Handeln erfolgen kann, bedeutet Stress. Weiter geht es auch darum, dass die Person sich in gewissen Situationen nicht durchsetzen oder sich nicht verständlich machen kann, so wie sie es gerne hätte. Generell bedeutet die Einschränkung der Handlungsfähigkeit, dass die betreffende Person die Situation nicht vollständig kontrollieren kann. Sie erlebt sich als machtlos bzw. ohnmächtig. Die Einschränkung der Handlungsfähigkeit kann sich in dreierlei Hinsicht äußern:

* *Handlungsoptionen sind zwar gegeben, es ist aber nicht klar, welche Handlung zum Erfolg führt*
Hierbei geht es zum Beispiel darum, dass die Spitzenführungskraft die Leistung der Mitarbeiter zwar als ungenügend einschätzt, sich jedoch unsicher ist, ob vielleicht doch noch Potenzial vorhanden ist. Entscheidet sie sich für die Entlassung, dann besteht das Risiko, dass das Arbeitsumfeld von Potenzialverschwendung redet; folgt hingegen keine Entlassung, dann könnte es viele Stimmen geben, die ihr nachsagen, sie sei nicht konsequent genug.

* *Es ist gar keine Handlungsoption gegeben, bzw. einer Person sind die Hände gebunden*
Dabei kann eine Situation mit dringendem Handlungsbedarf vorliegen. Gleichzeitig ist Handeln (noch) nicht möglich, weil noch nicht alle Fakten für einen Entscheid zusammengetragen sind. Vielleicht ist zusätzlich noch ein Rechtsverfahren hängig, das die Spitzenführungskraft daran hindert, Maßnahmen zu ergreifen,

weil das Urteil erst abgewartet werden muss. Dies wird oft als
«rasender Stillstand» und als äußerst unangenehm erlebt.

- *Handlungsmöglichkeiten sind zwar gegeben, aber jede Art
  von Handlung verschlechtert das Resultat*
Hier ein Beispiel aus der Medienwelt: Eine Zeitung führt eine
Kampagne auf tiefem Niveau gegen einen Verwaltungsratspräsidenten eines multinationalen Konzerns. Nimmt er dazu
Stellung, begibt er sich auf dieses Niveau und verschlechtert dadurch sein Image und seine persönliche Situation. Der Verwaltungsratspräsident ist also gehalten, in der Situation auszu-
harren, bis sie vorbei ist. Er beschreibt dies wie folgt: «Stress ist
für mich die Unmöglichkeit, in der Öffentlichkeit einen wirkli-
chen Dialog zu führen. Die Massenkommunikation läuft nach
völlig anderen Agenden. Dann passiert es, dass man in der Öffentlichkeit der Verlierer oder Gelackmeierte ist!»

Zeitliche Belastung

«Ich fühle mich gestresst, wenn ich morgens ins Büro komme und
ich 120 E-Mails habe. Ich habe abends um sieben das letzte Mal ge-
checkt, und trotzdem sind es 120. Das verursacht mir deshalb Stress,
weil ich zeitlich berechnen kann, dass ich für die Erledigung mindestens ein bis zwei Stunden brauche, und dann habe ich auf nichts
wirklich fundiert reagiert. Das finde ich anstrengend.»

(Hochschulrektorin)

Zeitdruck wird von den Spitzenmanagern am zweithäufigsten als
Stressfaktor genannt. In solchen Positionen wird durchschnittlich
62 Stunden pro Woche gearbeitet, wobei der Zeitdruck durch
folgende Situationen entsteht:

- *Übermäßige Reisetätigkeit*

Vor allem Überseereisen werden als Stress empfunden, weil unproduktive Zeit am Flughafen und auch im Flugzeug entsteht. Die E-Mails häufen sich in dieser Zeit an und müssen danach noch abgearbeitet werden.

- *Viel Leistung in kurzer Zeit*

In kurzer Zeit wird ein sehr hoher Leistungsoutput gefordert, so dass ein Vertiefen in die Arbeit kaum mehr möglich ist. Viele Spitzenführungskräfte beschreiben, wie sie den Verpflichtungen immer hinterherrennen müssen und sich permanent in einer «Feuerwehrübung» befinden. «Ich kann wenig Luft holen, um zu überlegen, was an der nächsten Sitzung überhaupt das Thema ist. Ich gehe dann unvorbereitet in eine Sitzung und greife aus hundert Seiten Papier die wichtigsten Punkte heraus. Das geht schon, ist aber stressig» (Exekutivpolitiker).

- *Wenig Privatsphäre*

Die Eigen- und private Zeit wird aufgrund der hohen zeitlichen Belastung im Beruf stark beschnitten. Die Wochenenden werden am Handy, am Computer oder im Büro verbracht. Ferienvertretungen gelten im Zeitalter des Blackberry als überflüssig. Wieso also einen Stellvertreter einarbeiten? Führungskräfte besitzen ja einen Blackberry und sind überall zu erreichen! Dies ist für viele eine große Einschränkung und wird als belastend empfunden. «Wenn ich mit schwierigen Themen im Urlaub belästigt werde und ich alle zwei Tage einen Anruf kriege, dann reicht dies, um den gesamten Urlaub kaputt zu machen. Das ist wirklich schwierig für mich» (CEO, multinationaler Konzern). Aufgrund der beruflichen Karriere gibt es wenig private Zeit, Freundschaften können nicht gepflegt werden, und manch einer hat zusätzlich Repräsentationspflichten und damit auch Mühe, auf eine gesunde Ernährung zu achten.

Zwischenmenschliche Konflikte

> «Mich belasten am meisten die ganz personellen Fragen. Wenn ich
> mit den Leuten gravierende Probleme habe oder wenn ich mich so-
> gar von einem Mitarbeiter trennen muss.»
> *(CEO, multinationaler Konzern)*

Zwischenmenschliche Konflikte werden ebenfalls häufig als
Stressfaktoren genannt. Sie betreffen insbesondere die folgenden
konkreten Situationen:

• *Entlassung*

Entlassungen von Mitarbeitern vornehmen zu müssen, bedeutet
für viele Vorgesetzte Stress. Da hilft offensichtlich auch Erfahrung nicht. Auch nach vielen Jahren in Führungsfunktionen wird
eine solche Situation immer noch als Belastung empfunden. Die
Kündigung bedeutet für den Entlassenen einen Eingriff in seine
persönliche Karriere, dessen sind sich die Vorgesetzten bewusst.
Daher werden Entlassungen kaum leichtfertig ausgesprochen.
Wörtlich meint ein CEO eines Großkonzerns: «Die schlimmsten
Sachen, die einem hier passieren können, sind Entlassungen. Das
beschäftigt mich jeweils stark, und da muss ich einen guten Glauben haben, dass das, was ich mache, richtig ist, sonst bringt mich
das um.»

• *Unangebrachtes Verhalten gegenüber anderen*

Als Stress wird auch das unangebrachte, feindselige Verhalten
von anderen Menschen bezeichnet. Das können unangemessene
Worte sein, Gebärden oder ein verfehlter Tonfall. Ein CEO eines multinationalen Konzerns beschreibt dies wie folgt: «Da
sind die doch auf mich losgegangen wie die Hyänen! Das war
für mich erschütternd, und da merkte ich richtig den Neid der
anderen!»

17

- *Fehlendes Vertrauen in die Arbeitsleistung der eigenen Mitarbeiter*

Fehlendes Vertrauen in Mitarbeiter bedeutet Mehraufwand, Kontrolle und Verunsicherung, was natürlich Stress verursacht. Leisten die Mitarbeiter fehlerhafte Arbeit, dann könnte dies ein schlechtes Licht auf den Vorgesetzten werfen. Die Konsequenz daraus ist, dass dieser entweder alles selber erledigt oder so eng führt, dass er die Arbeit gleich selber hätte erledigen können.

Nichterreichen von Zielen

«Ich habe dann Stress, wenn ich jemandem etwas verspreche und es dann nicht einhalten kann. Ich habe mir ein Ziel gesetzt und kann es nicht erreichen.»

(CEO, multinationaler Konzern)

Kennen Sie das? Sie haben eine Erwartung an sich gestellt und können sie nicht erfüllen? Eigenen Erwartungen nicht gerecht zu werden, wird oft als belastender angesehen, als wenn Dritte unsere Erwartungen nicht erfüllen.

Ziele, die wir selber setzen, sollten realistisch, erreichbar, konkret, messbar, kontrollierbar sein und für einen selber einen Wert haben. Ist dies nicht der Fall, werden wir sie nur mit großer Mühe und Anstrengung erreichen oder sogar verfehlen. Jedenfalls müssen wir unnötig viel Energie aufwenden, was belastend und stressend zugleich ist. Natürlich geht es nicht immer um große oder wegweisende Ziele. Es beginnt schon damit, dass wir uns im Berufsalltag Dinge vornehmen, die am Abend erledigt sein sollten und dann doch nicht erledigt sind, weil andere, dringende Probleme sich unvorhergesehen dazwischengeschoben haben. Telefonate, PC-Probleme, Mitarbeitergespräche, Kundenreklamationen und so weiter. Am Abend ist die Pendenzenliste, die am

Morgen erstellt wurde, um keine Pendenz kleiner geworden. Diese Situation wird von den Spitzenführungskräften als ärgerlich bezeichnet. Es handelt sich dabei um ganz alltägliche Stressfaktoren, die vermutlich auf die meisten Arbeitnehmer einwirken.

Zielkonflikte

> «Entscheide ohne innere Überzeugung treffen zu müssen, das ist Stress. Wenn einer innerlich in ganz entscheidenden Fragen ein anderes Ziel verfolgen möchte als es von außen von ihm verlangt wird, dann finde ich es nachvollziehbar, dass er daran scheitern könnte und leidet. Ich kann mir gut vorstellen, dass er dann zu Auswegen wie Workaholic, Alkoholic und andere -holics greift, um fliehen zu können.»
>
> *(Verwaltungsratspräsident, multinationaler Konzern)*

Zielkonflikte können sich in unterschiedlichen Situationen ergeben:

* *Innerer Zielkonflikt*
Die betroffene Person muss gegen ihre innere Natur handeln. Vielleicht zwingt sie das Umfeld, die Position oder die Unternehmenskultur dazu, oder aber sie hat erkannt, dass sie mit ihrer inneren Natur und ihrem Charakter bisher nicht weit gekommen ist. Ein CEO eines Großkonzerns meinte: «Ich kann auf einen Trottel manchmal nicht so reagieren, wie es eigentlich meinem Charakter entspricht. Impulsivität ist eben nicht immer die beste Lösung, das habe ich aus Erfahrung gelernt, weil dies schon oft ganz großen Ärger gegeben hat. Trotzdem würde ich manchmal sehr gerne impulsiv sein, und wenn ich meine gewünschte Reaktion dann so nicht umsetzen kann, dann bedeutet das Stress für mich.»

Innere Zielkonflikte bestehen auch dann, wenn die Unternehmensstrategie eine andere als die eigene ist. Stellen Sie sich vor, Sie müssten Ihren Kunden Produkte verkaufen, die Sie selber niemals kaufen würden. Auch schon erlebt? So entsteht Stress!

- *Rollenkonflikte*
Hierbei handelt es sich meist um Frauen, die als Mutter, Partnerin und Berufsfrau tätig sind. Sind sie bei der Arbeit, haben sie oft das Gefühl, die Kinder zu vernachlässigen, sind sie zuhause, dann meinen sie, dass die Kollegen nun ihre Arbeit machen müssen. Meist sind diese Konflikte von schlechtem Gewissen gegenüber den gerade nicht besetzten Rollen geprägt. «Ich habe das Gefühl, dass ich in keiner Rolle meinen vollen Beitrag bringen kann» (CEO, Konzern). Rollenkonflikte sind jedoch nicht nur frauenspezifisch. Sie sind bei Matrixorganisationen in Großunternehmen häufig festzustellen. Die Mitarbeiter kommen oftmals in die Lage, von zwei Vorgesetzten widersprüchliche Anweisungen zu erhalten. Welcher sollen sie nun Folge leisten? Auch dies bedeutet Stress.

Einsamkeit an der Spitze/Mangel an Unterstützung

«Wenn man zuoberst ist, dann hat man keinen Sparringpartner. Es ist recht einsam. Die Verantwortung bekommt man aber erst zu spüren, wenn es nicht rund läuft. Läuft es rund, sind alle gerne dabei, wenn nicht, dann ist keiner mehr da, den man anschauen kann! Das sind Situationen, in denen Sie total alleine sind. Ja, das bedeutet dann schon Stress.»

(Verwaltungsratspräsident, internationaler Konzern)

Ob Sie nun an der Spitze eines Unternehmens tätig sind und deshalb kein Vorgesetzter Ihnen mit Rat und Tat in schwierigen Situationen zur Seite stehen kann, oder ob Sie einen Chef haben, der Ihnen aus irgendeinem Grund keine Hilfe in schwierigen Situationen ist, spielt keine Rolle: Sie sind auf sich selbst gestellt, und das bedeutet Stress! Da nützt es wenig, wenn die Mitarbeiter, die Ihnen hierarchisch untergeordnet sind, Sie mit Lob überhäufen. «Ich muss immer selber sagen, was richtig und was falsch ist. Klar, die Mitarbeiter loben mich, aber das ist natürlich nur so, weil sie sich gut stellen wollen mit mir, die sind ja auch abhängig von mir. Auf der gleichen Stufe habe ich jedoch keine Rückmeldungen und objektive Meinungen. Ich muss alles selber entscheiden, was manchmal stressig ist» (Hochschulrektorin).

Hohe Verantwortung zu haben ist eine Sache, sie ganz alleine bewältigen zu müssen und niemanden um Unterstützung bitten zu können, eine andere. Falls Sie sich hier wiederfinden, dürfen Sie davon ausgehen, dass die meisten Menschen diese Situation als Stress empfinden.

Arbeitsplatzunsicherheit

Arbeitsplatzunsicherheit ist an und für sich ein bedeutender Stressfaktor. Interessant ist, dass die befragten CEO der Wirtschaft diesen Faktor nicht angesprochen haben. Dabei liegt der durchschnittliche Verbleib eines CEO im deutschsprachigen Raum Europas im Jahr 2008 bei nur 4,7 Jahren. Nur etwa 46 % der Veränderungen erfolgen geplant. Vermutlich mindern die hohen Spitzensaläre die Angst vor dem Abgang und verringern den Stress. Ebenso stehen natürlich auch die Aussichten, wieder einen sehr guten Job zu bekommen, gut. Vielleicht spricht aber auch niemand, der eine hohe Position bekleidet, gern über diese Form persönlicher Unsicherheit.

Im Berufsalltag begegnen Sie den unterschiedlichsten Stressfaktoren. Sie können nicht handeln, wie Sie es gerne tun würden, Sie müssen in sehr kurzer Zeit sehr viel leisten und ständig über Blackberry und die neuen technologischen Kommunikationsmittel erreichbar sein, Sie kommen in die Lage, Mitarbeiter entlassen zu müssen oder in andere menschlich unangenehme Situationen, vielleicht haben Sie persönlich andere Vorstellungen und Pläne als Ihr Unternehmen, oder womöglich bekommen Sie unterschiedliche Anweisungen von Ihren verschiedenen Vorgesetzten. Haben Sie zusätzlich noch eine hohe Verantwortung zu tragen und werden dabei von niemandem unterstützt, so wirkt eine ganze Palette von Stressfaktoren täglich auf Sie ein.

1.2 Was dient als Belohnung?

Erfolg

«Am meisten Freude habe ich, wenn etwas ganz gut gelaufen ist, wenn ich denke, das ist jetzt wirklich gut gewesen. Und besonders belohnend für mich ist es, wenn der Erfolg auf die persönliche Leistung zurückzuführen ist. Ich mache einen klaren Unterschied zwischen Team- und Eigenleistung.»

(Rektorin, Hochschule)

Erfolge werden in der Regel besonders dann als belohnend angesehen, wenn sie aufgrund von Eigenleistung erzielt worden sind. Erbringt das Team eine gute Leistung, so wird dies zwar als erfreulich bezeichnet, viel zufriedener macht jedoch der Erfolg durch Eigenleistung. Unter Erfolg verstehen die Spitzenführungskräfte auch «Recht bekommen». Als Beispiel wurde folgendes Ereignis angeführt: Die Spitzenführungskraft traf einen Entscheid entgegen der Meinung aller anderen Teamkollegen. In der Folge hat sich aber herausgestellt, dass der Entscheid Erfolg gebracht hat.

Als Erfolg wird auch die Lancierung einer gewinnbringenden Produktlinie gesehen. Dies hat auch damit zu tun, dass die Spitzenführungskraft sich gegen Mitbewerber im Markt durchsetzen konnte. Bei vielen Führungskräften geht es darum, besser als andere, besser als ihre Konkurrenz zu sein. Dies betrifft zum einen den Wettbewerb unter den Spitzenführungskräften selber. Zum anderen reicht das Konkurrenzdenken darüber hinaus und wird auf das ganze Unternehmen übertragen. Dabei kann unter Umständen eine gedankliche und gefühlsmäßige Verschmelzung von Unternehmen und Spitzenführungskraft stattfinden. Diese Identifizierung von Person und Unternehmen wird in der Öffentlichkeit meist auch wahrgenommen.

Anerkennung

> «Wenn man einfach spürt, man ist akzeptiert, so wie man ist. So nach dem Motto: Ich bin okay, du bist okay.»
>
> *(CEO, Schweizerische Unternehmung)*

Für wen ist Anerkennung keine Belohnung? Einer der meistgenannten Belohnungsfaktoren ist die Wertschätzung durch andere. Darunter verstehen die Spitzenführungskräfte freundliche Worte von anderen und auch einfach so sein zu können, wie sie sind und so von anderen akzeptiert zu werden. Belohnung ist auch dann gegeben, wenn sich die Person selber anerkennt und lobt. Das ist dann der Fall, wenn Sie selber zu sich sagen können: «Ich mache meinen Job gut!» Der Verwaltungsratspräsident eines multinationalen Konzerns meint zur Eigenanerkennung Folgendes: «Der wichtigste Faktor der Belohnung ist, dass ich selber gewisse Ziele und Marken für meine eigene Beurteilung setzen kann. Die Selbstbeurteilung empfinde ich als sehr wichtig. Das Bejubelt-Werden durch andere ist immer etwas schwierig, weil es meist nicht objektiv ist und meist nur mit meiner Funktion zu tun hat.» Einige der Spitzenführungskräfte sagten zu diesem Thema auch, dass sie ihre Arbeit deshalb tun, weil sie diese als sinnvoll erachten und nicht weil sie von anderen «mit Rosen überhäuft» werden wollen (CEO, internationaler Konzern). Wann haben Sie sich selber für Ihre geleistete Arbeit zuletzt auf die Schultern geklopft? Manchmal zählt diese Anerkennung mehr als jene von außen. Denn die eigene Anerkennung orientiert sich an vertrauten, eigenen Maßstäben und bleibt in manchen Situationen stabiler als jene von außen.

Einkommen

> «Mir ist immer wichtig gewesen, Wohlstand und absolute Unabhängigkeit, möglichst auch noch für Folgegenerationen, schaffen zu können. Dies, obwohl ich den Grenznutzen vor einigen Jahren schon erreicht habe.»
>
> *(Verwaltungsratspräsident, multinationaler Konzern)*

Im Wort «Belohnung» steht es bereits geschrieben. Lohn, Einkommen, Salär und Bonus stehen für Belohnungsfaktoren. Nicht alle Arbeitnehmer streben dabei nach vollständiger finanzieller Autonomie, sondern finden es einfach schön, wenn sie sich ein schönes Haus, Auto oder traumhafte Ferien leisten können. Sie empfinden es als belohnend, wenn sie nicht sparen müssen und keine finanziellen Sorgen haben. Der Wunsch nach völliger finanzieller Sicherheit, wie dies ebenfalls von einigen

Spitzenführungskräften beschrieben wird, geht oft auf ihre Vergangenheit zurück. Menschen, die in finanziell sehr schwierigen und unsicheren Situationen aufgewachsen sind, legen später häufig sehr hohen Wert auf den Belohnungsfaktor finanzielles Einkommen. So macht dies der CEO eines multinationalen Konzerns deutlich: «Ich wollte nie arbeitslos werden. Da ist immer noch die Angst, ich selber könnte es werden. Denn mein Vater hat als Opfer von unglücklichen wirtschaftlichen Umständen mehrmals seine Arbeitsstelle verloren. Darum treibt mich heute die Angst zu Erfolg und finanzieller Unabhängigkeit.»

Wertschöpfung durch Arbeit

«Ich glaube daran, dass es uns gelingen kann, eine gute Lehrpersonenbildung zu machen. Die Lehrpersonen sollten am Ende ihrer Ausbildung in der Lage sein, Kinder in ihrer Entwicklung zu fördern, damit diese ihr Potenzial entdecken und entfalten können. Dieser Punkt ist für mich eine gute Vorstellung und wirkt auf mich belohnend, denn es macht für mich Sinn.»

(Rektor, Hochschule)

Als Belohnungsfaktor wird auch die nachhaltige Wertschöpfung durch Arbeit angesehen. Ausbildung und Förderung von Mitarbeitenden machen viele Führungskräfte stolz. Sie blicken auf «ihre» Angestellten, die sich zu Persönlichkeiten mausern und gute Arbeit leisten. Befriedigt erkennen sie, dass «ihre Sprösslinge» Karriere gemacht haben und selbst wichtige Posten innehaben. Wertschöpfung durch Arbeit kann sich auch auf die Wirtschaftlichkeit der Unternehmung beziehen. Das Unternehmen floriert, das Überleben ist gesichert, und es können neue Produkte lanciert werden. Vielleicht handelt es sich sogar um Produkte, die für ein Land von strategischer Wichtigkeit sind. Dadurch können unter Umständen zahlreiche neue Arbeitsplätze geschaffen werden. Nachhaltige Wertschöpfung im Unternehmen bedeutet immer auch Sicherheit der Arbeitsplätze, was der Führungskraft Anerkennung von Vorgesetzten und Mitarbeitern bringt und unter anderem auch deshalb als belohnend angesehen wird.

Arbeitsatmosphäre

«Das ist für mich Belohnung, wenn ich eine ganze Truppe von Mitarbeitern vor mir habe, die mit leuchtenden Augen und nicht wie Steinsäcke vor mir stehen.»

(CEO, multinationaler Konzern)

Ein gutes Verhältnis unter den Mitarbeitern oder zwischen Vorgesetzten und Mitarbeitern wird als Belohnung beschrieben. Es darf über eine schwierige Situation auch mal gelacht oder ein Witz erzählt werden. Eine solche Atmosphäre ist ein gutes Gegengewicht zur Arbeitsbelastung. Da gute Laune ansteckend wirkt, werden nicht selten auch die Mitarbeiter davon erfasst. Es empfiehlt sich, darauf zu achten, dass aufgrund einer hohen Arbeitsbelastung nicht Ernst, Nervosität und Gereiztheit dominieren. Ansonsten verbreiten sich Angst vor Fehlern, schlechte Laune und ungesundes Konkurrenzdenken unter den Mitarbeitern. Dies aber kostet Energie und Kraft, führt zu Stress und erhöht das Burnoutrisiko.

Eine gute, vertrauensvolle und lebendige Teamatmosphäre ist deshalb nicht zu unterschätzen.

Sozialprestige

> «Ich stelle fest, dass mich mein Job zu einer Figur gemacht hat. Andere Menschen haben Interesse an mir, ich habe einen Status erlangt, wo ich sogar auf der Straße angesprochen werde. Damit treffe ich auch privat spannende Menschen.»
>
> *(CEO, Schweizerisches Unternehmen)*

Aufgrund eines Berufs großes Ansehen in der Bevölkerung, im privaten Umfeld oder in der eigenen Familie zu genießen, hat große Auswirkungen auf das Selbstbewusstsein des Menschen. Die Führungskraft fühlt sich zugehörig, anerkannt und angesehen. Dies wird von einigen ebenfalls als Belohnungsfaktor gesehen.

Sinn der Arbeit

Sinn oder Lebensprinzipien sind zentral für Motivation, Leistungserbringung und psychische Gesundheit. Sieht der Arbeitnehmer in dem, was er tut, einen Sinn, so wird er viele Probleme und Anforderungen, die ihm auferlegt sind, motiviert anpacken und Energie hineinstecken. Schwierige Situationen werden dadurch eher als willkommene Herausforderung statt als bedrückende Last betrachtet. Ohne das Gefühl, etwas Sinnvolles zu tun, fehlt meist die Kraft und Motivation, Höchstleistungen zu vollbringen. Arbeit, die wir als sinnlos empfinden, kann zu einer Burnouterkrankung führen. Wer hingegen dem eigenen Lebensprinzip bei der Arbeit folgen kann, empfindet dies als Belohnung. Die Arbeitszufriedenheit ist so am ehesten gewährleistet, und eine längerfristige Höchstleistung im Beruf ist möglich.

Was verstehen wir unter Sinn? Die Frage nach Sinn ist die Frage nach Zusammenhängen. So formuliert es der deutsche Philosoph Wilhelm Schmid. Auch der Aufklärer Emanuel Kant anerkannte eine Handlung dann als sinnvoll, wenn sie sich in einen universalen, umfassenden Zusammenhang integrieren lässt. Wann wird eine Arbeitstätigkeit als sinnvoll erachtet? Leute in helfenden Berufen, so untersucht bei Nonnen, sind dann weniger anfällig für Burnout, wenn sie sich moralischen Glaubenssätzen verschrieben haben und die Gemeinschaft, in der sie arbeiten, auf den gleichen Überzeugungen basiert. Wir aber leben heute in einer Welt, die sich von Moralvorstellungen und religiösen Grundsätzen weitgehend befreit hat. Nietzsche hat die Auswirkungen des Zerfalls der metaphysischen und religiösen Gedankengebäude auf den Punkt gebracht: «Gott ist tot!» Damit brachte er um 1883, als erster Denker der Moderne, das Ende aller Hoffnungen auf den Punkt. Der moderne Mensch ist auf sich selbst gestellt, es gibt keine absoluten Gewissheiten mehr. Wir sind freie Wesen geworden. Frei von religiöser Bindung, frei von politischer Bindung (Fremdherrschaft), frei von ökonomischer Bindung (Wettbewerbsfreiheit) und auch frei von sozialer Bindung (gesellschaftliche Moralvorstellungen). Der Philosoph Wilhelm Schmid sieht die Moderne als eine Auflösung von Zusammenhängen. Wie lässt sich heute also das Leben gut und sinnvoll leben, wenn kein höherer Sinn, keine Orientierung vorgegeben ist? Sinnfindung ist eine subjektive geistige Leistung des einzelnen Individuums geworden. Menschen in ähnlichen oder sogar gleichen Arbeitssituationen können ein unterschiedliches Sinnverständnis haben. Arbeit ist ja heute oft auch mehr als existentielle Absicherung, sie ist ein gesellschaftlicher Prozess und bezieht dadurch ihren Stellenwert. Das Streben nach einer höheren Stellung in der Gesellschaft könnte ein solches Lebensprinzip sein. Denn dadurch wird dem Arbeitenden ein Platz in der sozialen Gemeinschaft zugewiesen, was das Bedürfnis nach Geselligkeit und Anerkennung befriedigt. Andere Sinninhalte können Macht (sich gegenüber jemandem durchsetzen können), Erkenntnis und Leistung (sich selber weiterentwickeln, verbessern und Ziele erreichen wollen) und soziale Bedürfnisse (um das Wohlergehen anderer besorgt sein) sein. Ich habe die Spitzenführungskräfte in meiner Untersuchung nach ihren Lebensprinzipien gefragt. Nachfolgend finden Sie die Antworten nach Typen kategorisiert und zusammengefasst.

- *Lebensprinzip Erkenntnis*

> «Es ist mir wichtig, dass ich zurückschauen und sagen kann, ich bin nicht stehen geblieben, es ist immer weitergegangen. Immer ist wieder etwas Neues, etwas Interessantes gekommen und ich habe mich entwickeln können.»
>
> *(CEO, multinationaler Konzern)*

Für rund ein Drittel der befragten Spitzenführungskräfte bestehen Sinn und Lebensprinzip in dem Drang, sich weiterzuentwickeln. Sie wollen Erfahrungen sammeln, Neues aufnehmen, suchen Vielfalt und wollen ständig lernen. Sie wollen im Geiste wachsen, weiser werden, sich ein umfassendes Wissen aneignen, etwas Neues schaffen, etwas in die Welt bringen, was diese gebrauchen kann. Es geht um ein permanentes Weiterkommen im Sinne von Wissen und Erfahrung. Stillstand wird als Rückschritt bezeichnet. Das heißt auch, dass diese Menschen meist in der Lage wären, ganz unterschiedliche Berufe auszuüben und sehr verschiedene Positionen einzunehmen. Sie können meist wählen, was sie arbeiten wollen und halten damit nicht um jeden Preis an der momentanen Position fest. Personen mit diesem Lebensideal haben meist ein hohes Pflicht- und Verantwortungsgefühl, Ehrgeiz und Disziplin. Sie leben nach dem Motto: «Wenn du etwas machst, dann mache es richtig. Das Leben ist zu kurz, um irgendetwas Blödsinniges zu machen oder nicht gut zu machen» (Verwaltungsratspräsident, internationaler Konzern). Diese Menschen haben Freude am Gestalten. Es handelt sich um Personen, die in der Lage sind, neue Produkte zu kreieren, etwas herzustellen, das von Nutzen ist: «Wenn ich vier Jahre zurückschaue, dann weiß ich, dort drüben ist eine einfache Wiese gewesen. Heute steht dort eine Fabrik und ich habe neue Arbeitsplätze schaffen können» (CEO, multinationaler Konzern). Am prägnantesten hat sich ein Universitätsrektor ausgesprochen, indem er mit folgendem Satz den Erkenntnistyp gut charakterisiert hat: «Was in meiner Lebensführung die größte Rolle spielt, ist, dass ich so viel Welt ins Leben hineinnehmen will wie möglich.»

- *Lebensprinzip Ordnung/Struktur*

«Ich habe vor allem Freude am Erfolg. Mit ausgeprägtem Ehrgeiz versuche ich alles so gut wie möglich zu machen, um möglichst der Beste zu sein.»

(Verwaltungsratspräsident, multinationaler Konzern)

Für rund ein Drittel der Spitzenführungskräfte bestehen Sinn und Lebensprinzip in einem Drang, sich durchzusetzen. Diese Menschen streben danach, anderen Personen übergeordnet, überlegen und besser als die Konkurrenz zu sein. Sie wollen gewinnen. Also schätzen sie ein kompetitives Umfeld, sind ehrgeizig und hierarchiebewusst. Sie wollen selber bestimmen, etwas beeinflussen können und auch im finanziellen Bereich unabhängig sein. Sind solche Menschen hierarchisch an der Spitze, dann übertragen sie meist diesen Willen auf die Unternehmung: «Ich lebe diese legitime, offene Aggression im Beruf gegen außen aus, indem ich mir ständig überlege, wie wir – als Konzern – es schaffen, besser als die Konkurrenz zu sein. Wie können wir den anderen Firmen Marktanteile abnehmen? Dass ich dieses Lebensprinzip offen leben kann, das ist für mich enorm wichtig und lösend» (Verwaltungsratspräsident, multinationaler Konzern).

Das Streben nach Selbstbestimmung gehört zu den wichtigsten Merkmalen der Menschen mit dem Lebensprinzip Ordnung/ Struktur. Sie wollen sich nicht nach anderen ausrichten, auch nicht finanziell. Das Erreichen finanzieller Unabhängigkeit ist für diese Menschen ein starker Lebensmotor: «Gut verdienen ist das, was ich immer gewollt habe. Ich verspürte schon immer den Drang nach materieller Unabhängigkeit» (Verwaltungsratspräsident, multinationaler Konzern).

- *Lebensprinzip soziale Bedürfnisse*

«Sinn bei der Arbeit ist für mich dann gegeben, wenn es der Gemeinschaft schlechter ginge, wenn diese Arbeit nicht gemacht würde.»
(CEO, internationaler Konzern)

Für rund ein Drittel der Spitzenführungskräfte bestehen Sinn und Lebensprinzip im Streben nach Gemeinschaft und nach Interaktion mit Menschen unterschiedlichster Herkunft. Sie wollen etwas tun, was für die Gemeinschaft von Nutzen ist und deren Wohlergehen dient. Sie streben nach Zugehörigkeit und wollen Teil eines Ganzen bzw. Teil einer Gemeinschaft sein. Diese Personen bemühen sich um eine angenehme zwischenmenschliche Atmosphäre und arbeiten gerne im Team. Sie richten sich meist nach hohen ethischen Grundsätzen wie Liebe, Vertrauen, Toleranz und Gerechtigkeit.

Weitere Belohnungsfaktoren für den karrierebewussten Arbeitnehmer auf unteren Hierarchiestufen
Die folgenden Belohnungsfaktoren werden in diesem Buch der Vollständigkeit halber aufgeführt. Sie wurden aus einsehbaren Gründen von Spitzenführungskräften nicht genannt, sind jedoch für Arbeitnehmer in unteren Hierarchiestufen wichtig.

Aufstiegschancen

Karrieremöglichkeiten, Aufstieg, mehr Verantwortung übernehmen können und Ausbau des bisherigen Tätigkeitsfeldes bedeuten für den Arbeitnehmer Belohnung. Er fühlt sich nützlich und sieht Perspektiven in seinem Beruf. Die befragten Spitzenführungskräfte gaben diesen Punkt nicht als Belohnungsfaktor an, da sie ja bereits am höchsten Punkt ihrer Karriere angelangt sind. Auf unteren Hierarchiestufen ist dieser Belohnungsaspekt allerdings zu nennen. Aufstiegschancen spornen zu Mehrleistung an und können motivierend wirken. Es ist deshalb nicht erstaunlich, dass Unternehmen mit sehr flachen Hierarchien, wie zum Beispiel Schulen, Hierarchiestufen eingeführt haben.

Ausbildung

Jegliche Form von Ausbildung stärkt das Selbstwertgefühl. Meist lernt man dabei Menschen kennen, entwickelt neue Ansichten und Einstellungen und auch einen anderen Zugang zum eigenen, täglichen Tun. Dies motiviert und belohnt Menschen. Darum ist es wichtig, dass Arbeitgeber ihren Mitarbeitern Aus- und Weiterbildung ermöglichen. Manche Arbeitgeber stellen ihren Mitarbeitern hierfür finanzielle Mittel und/oder die Arbeitszeit zur Verfügung. Schließlich bereitet ein drohender Arbeitsplatzverlust gut ausgebildeten Mitarbeitern – jeden Alters – weniger Sorge als schlecht ausgebildeten Arbeitnehmern. Ausbildung ist auch eine Form geistiger Fitness. Arbeit, welche schleichend zur Routine wird, fordert das Gehirn nicht mehr richtig, und so wird man mit der Zeit auch geistig unflexibel. Deshalb erscheint es mir wichtig, dass die Unternehmen zusammen mit ihren Mitarbeitern die Verantwortung für Aus- und Weiterbildung übernehmen.

Autonomie

Fehlt Autonomie, wird dieser Umstand häufig als Stressfaktor erlebt, ist sie vorhanden, so wird sie ausdrücklich als Belohnungsfaktor genannt. Autonomie am Arbeitsplatz heißt, dass der Arbeitnehmer entscheiden kann, auf welchem Weg er ein Ergebnis erzielen will, welche Mittel er dafür benötigt und welchen Aufwand er dafür betreiben muss. Am Schluss zählt einzig das Ergebnis. Wie es dazu gekommen ist, wird vom Vorgesetzten nicht überprüft. So erlebt der Einzelne Eigenverantwortung für die Ergebnisse seiner Leistung. Dieses Erleben wirkt motivierend und stärkt die Arbeitszufriedenheit. Autonomie kann noch weiter gefasst werden, indem der Arbeitnehmer selbst das Ziel bestimmen kann. Dies ist die höchste Form der Autonomie. Sie ist insbesondere den Spitzenführungskräften gegeben, die operativ oder strategisch die höchste Position eines Unternehmens einnehmen. Eine ähnliche Ausgangslage haben auch selbständig Erwerbende, die ihre Ziele, im Rahmen der eigenen finanziellen Möglichkeiten, ebenfalls selber bestimmen können.

Vielfalt, Ganzheitlichkeit und erlebte Bedeutsamkeit der Arbeit

Stellen Sie sich vor, Sie hätten täglich dieselbe Schraube vor sich, an der Sie drehen müssten, oder Sie arbeiteten in einem Spital und sähen von jedem Patienten nur jeweils den linken Fuß. Sie wären Profi im Schrauben anziehen und darin, linke Füsse zu pflegen, würden aber vor Langeweile krank werden. Es ist wichtig und belohnend, vielfältige Arbeit zu haben und dabei eine Arbeit von Beginn bis zu ihrem Ende verfolgen zu können. Wir sollten bei unserer Arbeit einen in sich geschlossenen Arbeitskreis verfolgen können. So kann der Einzelne am Ende eines ganzen Arbeitsprozesses erkennen, welcher Teil im Prozess der Seinige ist und was dieser bewirkt. Würde dieser Anteil fehlen, wäre das Endergebnis vielleicht nicht das, was es heute ist. Ein Fahrzeug ohne Zündkerze fährt nun einmal nicht! Der Mensch hat das Bedürfnis, bedeutsame Arbeit zu leisten. Er will etwas tun, was nützlich ist, und diese Nützlichkeit muss er als solche erleben und anerkennen können.

Feedback

Rückmeldung oder Feedback ist für den Arbeitnehmer wichtig und motivierend. Auf diese Weise weiß er um die Qualität seiner Arbeit. Er erkennt, wo er steht, was er noch verbessern muss und was er besser als seine Kollegen kann. Kein oder unqualifiziertes Feedback erzeugt Unsicherheit und Angst. Wir «hängen in der Luft» und wissen nicht, ob die Vorgesetzten mit uns zufrieden sind oder nicht. Das wird in der Regel als sehr unangenehm erlebt. Unangenehmer noch, als wenn ein Vorgesetzter klar und deutlich zum Ausdruck bringt, dass ein Arbeitnehmer für diese Arbeit nicht genügt oder sich noch stark zu verbessern hat.

Zusammenfassung

Im Berufsalltag begegnen die Spitzenführungskräfte den unterschiedlichsten Belohnungsfaktoren als Gegengewicht zum Stress. Sie erleben Erfolg, erhalten Anerkennung von Mitarbeitern, Kunden und, was am wichtigsten ist, von sich selbst. Als Belohnungsfaktoren können weiter Einkommen, nachhaltige Wertschöpfung und eine angenehme Arbeitsatmosphäre dienen. Kommt das eigene Lebensprinzip in der Arbeit angemessen zum Ausdruck, so ist dies ebenfalls ein wichtiger Belohnungs- und Schutzfaktor gegen Stress- und Burnouterkrankung. Je nachdem, ob ein Mensch nach persönlicher Weiterentwicklung, nach Einfluss und Macht oder nach Zugehörigkeit zur Gesellschaft strebt, wird er sein Arbeitsumfeld auswählen müssen, um sich vor einer Stresserkrankung zu schützen. In diesem Buch werden im Wesentlichen drei Typen von Lebens- oder Sinnprinzipien unterschieden: Erkenntnistyp, Ordnungs-/Strukturtyp, sozialer Typ. Weitere Belohnungsfaktoren für den karrierebewussten Arbeitnehmer sind Aufstiegschancen und Ausbildung. Beide Faktoren bedeuten Weiterentwicklungsmöglichkeiten, die der Arbeitgeber dem Arbeitnehmer als Belohnungsfaktoren zur Verfügung stellen kann. Selbstbestimmung oder Autonomie, wie und mit welchen Mitteln Sie ein Arbeitsziel erreichen wollen, dient ebenfalls als Gegengewicht zum Stress. Autonomie, Feedback, Vielfalt, Ganzheitlichkeit und erlebte Bedeutsamkeit der Arbeit sind alles Motivationsfaktoren, die zu einer hohen Arbeitszufriedenheit führen und als gutes Gegengewicht zu den Stressfaktoren wirken können.

1.3 Wenn Stress- und Belohnungsfaktoren im Ungleichgewicht sind

Um Stress zu erklären, verwende ich das Bild der Waage. Auf der linken Seite stehen die Stressfaktoren und auf der rechten die Belohnungsfaktoren. Empfindet der Mensch die Stressfaktoren subjektiv schwerwiegender als die Belohnungsfaktoren, so haben wir es mit Stress zu tun. Die Auswirkung von Stress im menschlichen Körper ist von der zeitlichen Dauer abhängig. In der momentanen Akutsituation reagiert das vegetative Nervensystem und setzt schlagartig Adrenalin frei, welches Herzschlag, Muskeltonus und Atemfrequenz erhöht. Auf diese Weise wird Energie freigesetzt, um die als bedrohlich bewertete Situation zu bewältigen. Hierbei werden vornehmlich zwei Verhaltensmuster angewendet: Aggression und Flucht bzw. «flight or fight». Diese beiden Strategien sind beim Menschen artspezifisch und angeboren. Erstarrung ist eine weitere Strategie, die vor allem in Situationen der empfundenen Auswegslosigkeit vorkommt. Einige Menschen und insbesondere Kinder wenden hie und da auch die Strategie der Spielaufforderung an (Witze machen, Grimasse schneiden), was das Gegenüber besänftigen und die Stresssituation entschärfen soll. Dauert die Stresssituation über zwanzig Minuten an, wird das körpereigene Stresshormon Cortisol freigesetzt. Die Cortisolausschüttung führt zunächst dazu, dass die Aufmerksamkeit und die Konzentrationsfähigkeit erhöht und Entzündungen gehemmt werden. Grippesymptome oder Infektionskrankheiten treten also selten während, sondern eher nach einer Stressperiode auf. Nämlich dann, wenn das Cortisol wieder seinen individuellen Basiswert erreicht hat. Menschen, die längeren Stressperioden (mehrere Monate oder Jahre) ausgesetzt sind, erleben chronischen Stress. Bei chronifiziertem Stress ist die Cortisolkonzentration gesteigert. Die dauerhafte Überproduktion führt dann zu Komplikationen, wie einer Schwächung des Immunsystems, einem Anstieg möglicher Infektionskrankheiten, einer Erhöhung des Risikos für koronare Erkrankungen und Gedächtnisschwierigkeiten. Häufige krankheitsbedingte Absenzen vom Arbeitsplatz sind meist die Folge. Stressreaktionen sind deshalb ernst zu nehmen. Sie sind ein Frühwarnsystem, damit Sie rechtzeitig das Ruder wenden und in eine andere Richtung oder langsamer paddeln können. Denn: Chronischer Stress erhöht das Krankheitsrisiko und kann auf Dauer die Karriere beeinträchtigen oder gar deren Abbruch bedeuten.

Wie reagieren Spitzenführungskräfte auf Stress?

Die befragten Personen haben eine recht klare Vorstellung davon und ein gutes Gefühl dafür, wann sich bei ihnen Stress einstellt und wie sie darauf reagieren können. Es gibt dabei vier verschiedene Ebenen von Reaktionsmöglichkeiten: die emotionale, mentale, körperliche und die Verhaltensebene.

Emotionale Stressreaktion

Der Mensch verfügt schon bei Geburt über fünf wichtige Grundgefühle, nämlich Wut, Angst, Trauer, Ekel und Freude. Die Spitzenführungskräfte nennen als emotionale Reaktionsmöglichkeit auf Stress folgende Gefühlsregungen: Wut, Angst und Trauer.

- *Wut/Ungeduld*

> «Diese Situation löst in mir eine Monsterwut aus. Dann würde ich ihm gerne einen Tritt in den Arsch geben oder ihm an die Gurgel springen.»
>
> *(CEO, schweizerisches Unternehmen)*

Wut ist eine der häufigsten emotionalen Reaktionen bei Spitzenführungskräften. Sie lassen Dampf ab, hören dem Gegenüber nicht mehr zu und lesen den Mitarbeitern die Leviten. Viele sagten aus, dass sie sich nach einem Wutausbruch erleichtert fühlen und sich anschließend wieder besser konzentrieren können.

- *Angst*

> «Ja, also Ärger ist ein Gefühl, das ich in Stresssituationen empfinde, Angst ein anderes.»
>
> *(Verwaltungsratspräsident, multinationaler Konzern)*

In vielen Sprachen wird ein Unterschied zwischen Angst und Furcht gemacht. Furcht ist meist gerichtet auf eine konkrete Situation. Angst hingegen ist ungerichtet und diffus und kann meist nicht gut begründet werden. Furcht hat also meist einen definierten Auslöser und eine Funktion, Angst hingegen wird oft vom Betroffenen selbst als irreal und fremd erlebt. So konnten die Befragten meist nicht genau sagen, wovor sie tatsächlich Angst haben. Sie nannten meist Angst vor Versagen, Misserfolg, Niederlage und Schmähung durch andere. Oft beschrieben sie die angstauslösende Stresssituation mit «sich in die Enge getrieben» und «eingeengt» fühlen. Angst heißt im Lateinischen «angor» und bedeutet «eng» oder «eingeengt». Dieses Erleben von Enge und das Sich-nicht-mehr-frei-Bewegen-Können macht einigen Spitzenführungskräften Angst. Gleichzeitig können in diesem Zusammenhang körperliche Veränderungen wie Bewegungsunruhe, Zittern, Schwitzen, Herzklopfen, erhöhte Atemfrequenz und Mundtrockenheit auftreten. Reaktionen auf der Verhaltensebene sind meist Flucht aus und Meidung der als bedrohlich angesehenen Situation.

- *Trauer*

«Ich erlebe in solchen Situationen eine ganz tief gehende Unzufriedenheit. Ich würde dann am liebsten am Boden sitzen und heulen.»

(CEO, internationaler Konzern)

Traurigkeit ist ein weiteres – im Menschen angelegtes – Grundgefühl. Trauer wird in unserer Gesellschaft häufig negiert und unterdrückt. Die Menschen befürchten, allzu rasch in eine Depression abzugleiten. Trauer schwächt zudem das Selbstwertgefühl. Die Angst, sich in der Trauer zu verlieren, ist oft groß. Wir müssen aber klar zwischen Trauer und Depression unterscheiden. Wer traurig ist, kann weinen. Tränen gehören zum Leben, und Trauer setzt Lebenskraft voraus. Depressive hingegen haben häufig gar keinen Zugang zu ihren Gefühlen und können auch nicht weinen. Sie fühlen sich eher niedergeschlagen, bedrückt, kraft- und mutlos. Die Mimik erstarrt. Depressive wirken abgekapselt, in sich gekehrt und mitunter abweisend. Kann ein Depressiver weinen, so empfindet er dies als erlösend. Das Weinen löst die Gefühlsblockade. Zudem ist die Depression durch weitere Symptome wie Interesseverlust, gesteigerte Ermüdbarkeit, Schuldgefühle, pessimistische Zukunftsperspektiven und Aufmerksamkeitsdefizite gekennzeichnet. Trauer als Reaktion auf eine Stresssituation wird von den Spitzenführungskräften nicht sehr häufig genannt, denn traurig zu sein gilt gemeinhin als ein Zeichen von Schwäche. Es waren auch eher die Frauen in meiner Stichprobe, welche diesen Gefühlszustand im Beruf erleben können. Obwohl heute in der Tendenz beide Geschlechter dazu ermutigt werden, ihre Gefühle zu zeigen, wird Trauer in der Erziehung bei Knaben negativ bewertet und zu unterdrücken versucht. Mädchen hingegen werden, wenn sie traurig sind, eher gestützt, umsorgt und getröstet. Wann stellt sich Trauer ein? Traurigkeit wird meist durch einen wichtigen Verlust ausgelöst. Menschen, die einen solchen Verlust erlitten haben, tun gut daran, diesen zu betrauern. Jemanden oder eine Situation betrauern zu können bedeutet, diesen oder diese allmählich loszulassen. Trauerarbeit ist notwendig, um den erlittenen Verlust zu würdigen und ihn in das eigene Leben zu integrieren. Erst dann wird es möglich sein, diese Episode abzuschließen und sich mit neuer Energie neuen Zielen zuzuwenden.

Kognitive Stressreaktion

Eine längere Stressphase kann bewirken, dass Sie Ihren Pincode nicht mehr wissen, Geburtstage vergessen, dass Sie durcheinander und unkonzentriert sind. Vielleicht vergessen Sie wichtige Namen, suchen nach Wörtern und verlegen Autoschlüssel und Mobiltelefon. Kurz: Sie stehen etwas neben den Schuhen und denken möglicherweise darüber nach, ob Ihr Gehirn noch normal funktioniert oder sich erste Anzeichen von Demenz breitmachen. Die Frage, ob Sie einen Neurologen aufsuchen sollen, steht vielleicht sogar im Raum. Stress kann sich auf diese Weise auf Ihr Gedächtnis auswirken. Sie werden sich vielleicht fragen, wie es möglich ist, dass eine Stresssituation solche Konsequenzen haben kann. Dazu ist Folgendes zu sagen: Wichtige berufliche Themen können Sie gedanklich besetzen. Es stellt sich bei Ihnen ein unwillkürliches Gedankenkreisen ein, das Sie willentlich vielleicht nicht stoppen können. Alles dreht sich mental um diese belastenden Ereignisse, während Ihnen das restliche Leben gedanklich abhanden kommt. Chronischer Stress kann außerdem gewisse Hirnareale (Hippocampus), die für die Abspeicherung von Wissen und Episoden wichtig sind, angreifen. Merk- und Konzentrationsfähigkeit und Gedächtnisleistung werden dadurch beeinträchtigt. Ist eine längere Stressepisode beendet, bauen sich die Stresshormone normalerweise ab und gehen auf ihr Basisniveau zurück. Das kann zu starken Ermüdungserscheinungen, Konzentrationsschwierigkeiten und Anfälligkeit für Infekte führen.

Die befragten Spitzenführungskräfte nannten zwei kognitive Reaktionen auf Stress.

- *Gedankenkreisen*

«Dinge, die mich belasten, beschäftigen mich gedanklich. Sie gehen mir immer wieder durch den Kopf, und ich muss mich stark disziplinieren, dass ich nicht immer wieder am Gleichen herumdenke. Ich merke das, wenn ich jemandem gegenübersitze und mich nicht auf ihn einstellen kann. Er sagt dann etwas Wichtiges, das aber bei mir gar nicht ankommt, weil ich noch mit einem anderen Problem beschäftigt bin.»

(CEO, internationaler Konzern)

Beim Gedankenkreisen können Gedanken, welche die belastende Situation betreffen, nicht einfach abgestellt oder kontrolliert werden. Sie treten unwillkürlich auf. Das Gedankenkreisen wird meist nicht als hilfreich, sondern als sehr störend erlebt. Es hilft auch kaum, Lösungen zu finden oder in der Problematik einen Schritt voranzukommen. Gedankenkreisen ist Energie und Kräfte raubend und macht nur müde und erschöpft. Die weitere Arbeit kann dadurch verlangsamt und ineffizient werden. In der psychologischen Forschung hat man festgestellt, dass das Gedankenkreisen bei Frauen häufiger als bei Männern vorkommt. Frauen grübeln über schwierige Situationen nach, während Männer sich besser ablenken lassen. Männer gehen in einem solchen Fall eher ins Kino oder mit Kollegen ein Bier trinken. Frauen hängen den Gedanken nach und können sich viel weniger davon lösen. Gibt es also einen Geschlechterunterschied bei Stresserkrankungen? Bezüglich Burnout wurde bisher noch keiner gefunden. Die depressive Erkrankung hingegen ist bei Frauen doppelt so häufig wie bei Männern. Eine Erklärung könnte die bereits erwähnte «Grübelneigung» von Frauen sein. Allerdings dürfte sie wohl kaum als einzige Begründung ausreichen.

• *Konzentrationsschwierigkeiten*

> «Ich habe manchmal, nach einem langen, langen Tag, abends Konzentrationsprobleme. Ich finde dann die richtigen Worte nicht. Es macht mir dann Mühe, genaue Formulierungen zu finden.»
>
> *(CEO, internationales Unternehmen)*

Mentale Ermüdung ist eine häufige Stressreaktion. Sie bereitet den Menschen zuweilen Sorge, dass mit ihrem Gedächtnis etwas nicht mehr in Ordnung ist. Wortfindungsstörungen, Merkfähigkeitsprobleme, keinen klaren Gedanken fassen können, sich verwirrt und mental ausgelaugt fühlen, diese Symptome können Reaktionen auf Stress sein. Aufgrund von geistiger Müdigkeit kann die Energie fehlen, «nochmals etwas Neues anzufangen und weiterzudenken», wie sich der Rektor eines Gymnasiums ausdrückt. Der Motor im Gehirn kommt ins Stottern.

Körperliche Reaktion
Der Puls hämmert, der Blutdruck steigt, Schwindel und Kopfschmerzen treten auf, Steine liegen im Magen, der Rücken

schmerzt, und die Muskulatur fühlt sich an wie Beton. Alle diese Symptome und anderes mehr können durch Stress hervorgerufen werden.

> «Psychische Spannungen merke ich auch im Körper. Die Stimme ist verspannt, die Muskeln auch. Spannungen merke ich überall im Körper. Sogar die Körperausdünstung ist anders. Ich kann in einer Stresssituation duschen, so oft ich will, nach fünf Minuten stinke ich wieder. Mache ich hingegen eine Bergwanderung, dann schwitze ich auch, stinke aber nicht so.»
>
> *(Verwaltungsratspräsident, internationales Unternehmen)*

Reaktion im Verhalten

Gefühle, kognitive Reaktionen und körperliche Symptome, die durch Stress hervorgerufen werden, wirken sich auch auf der Verhaltensebene aus. Sie kennen es vielleicht, der Chef ist gereizt und ungeduldig. Sie gehen ihm am besten aus dem Weg und fragen ihn im Moment nicht nach einer Beförderung oder Gehaltserhöhung! Der CEO eines multinationalen Konzerns beschreibt dies treffend: «Ich werde in Stresssituationen ungehalten, ich kann nicht zuhören und falle den anderen ins Wort. Dann kann es auch sein, dass ich ausraste und deutlich sage, jetzt ist es aber genug!»

Andere Stressreaktionen äußern sich in Schlafstörungen, seien dies Einschlaf-, Durchschlafstörungen oder morgendliches Früherwachen zwischen vier und fünf Uhr. Der Verwaltungsratspräsident eines internationalen Unternehmens drückt dies so aus: «Wenn ich ins Bett gehe und gedanklich noch von einem Thema besetzt bin, dann ist da nichts mehr, was mich ablenken könnte. Der gesunde, tiefe Schlaf, wo man einfach abschaltet, einschläft und am Morgen geht der Wecker los, das funktioniert im Stress nicht.» Körperliche Symptome wie Erschöpfung und auch Emotionen wie Trauer können zu einem Rückzugsverhalten führen.

Eine Politikerin meint dazu: «Nach einem belastenden Tag mag ich einfach nicht mehr reden, ich will dann meine Ruhe haben und keinen mehr sehen.»

Zusammenfassung

Stress ruft auf der emotionalen, körperlichen, kognitiven und auf der Verhaltensebene Reaktionen hervor. Diese Signale sind ein wichtiges Frühwarnsystem. So können Sie rechtzeitig passende Strategien anwenden, um die Stresssituation zu meistern. Denn: Chronischer Stress macht krank, und Ihre Karriere kann ins Stocken geraten.

Bis auf eine, haben alle Spitzenführungskräfte Stressreaktionen bei sich feststellen können. Am häufigsten wurde die emotional aggressive Reaktion genannt. Wut und Ungeduld dominieren im Stress, gefolgt von Angst und Trauer. Das Nicht-Abstellen-Können von immer wiederkehrenden oder spontan auftretenden belastenden Gedanken wird ebenfalls als Stressreaktion beschrieben. Gedankenkreisen wiederum kann zu Schlafstörungen führen. Auch körperliche Stresssymptome wie Herz-Kreislauf-Schwierigkeiten, Unwohlsein, Verspannungen und Muskelschmerzen sind benannt worden. Eher selten berichteten die Befragten von mentaler Ermüdbarkeit, Konzentrationsschwierigkeiten und Rückzugsverhalten. Nur ein CEO kann bei sich keine Stressreaktion feststellen und muss sich auf die Wahrnehmung aus dem engsten Umfeld verlassen: «Ich merke Stress bei mir selber gar nicht. Ich glaube aber, wenn man zwei Fotos von mir nebeneinander vergleichen würde, eines in einer Situation, wo es gut läuft, und eines, wo es nicht gut läuft, dann würde man auch bei mir Stress erkennen können. Ich selber bin da, wie viele Männer, ziemlich blind und unsensibel. Meine Frau kann jedoch bei mir Stress optisch erkennen. Auf sie höre ich.»

Kapitel 2

Was können Sie gegen Stress tun?
Modell: Spitzenführungskräfte

Ich verwende an dieser Stelle erneut das Bild der Waage. Angenommen, diese befindet sich im Ungleichgewicht und die Kräfte der Stressfaktoren wirken stärker als die der Belohnungsfaktoren. Dann liegt eine Stresssituation vor. Nun ist der Betroffene gefordert, mit dieser Situation konstruktiv umzugehen. Hierfür bedarf er persönlicher Bewältigungs- oder Copingstrategien. Auf diese Weise lässt sich Stress bewältigen, und Sie können einem Burnout vorbeugen. Die Bewältigungsstrategien habe ich als Fuß der Waage dargestellt. Dieses statische Element ist verantwortlich dafür, dass die Waage ihrer Bestimmung gerecht werden kann. Nur so kann eine Balance überhaupt zustande kommen.

Was gibt es nun für Strategieansätze? Die Interviews mit Spitzenführungskräften geben Ihnen einige Ideen.

Nutzen Sie Ihr soziales Umfeld

«Ich habe in Stresssituationen eine Art von Bocca della Verità, wie es sie in Rom gibt, zur Verfügung. Ich kann bei meiner Familie und Freunden alles aussprechen, einfach alles. Oft kommt nicht einmal etwas zurück, aber ich kann abladen. Ich kann alles loswerden. Die Tatsache allein, dass jemand diese Last, das Unbewältigte akzeptiert und in sich aufnimmt, ohne sofort zu einem Ratschlag zu kommen, das hat für mich eine enorm befreiende Wirkung. Jemand, der nur zuhört.»

(Verwaltungsratspräsident, internationaler Konzern)

Die soziale Unterstützung kann auf verschiedenen Ebenen stattfinden. Emotional, fachlich oder mit praktischen Hilfestellungen. Die Aussage des zitierten Verwaltungsratspräsidenten geht in Richtung emotionale Unterstützung. Es geht um ein Sich-Verstanden-Fühlen, das Gefühl, angenommen zu sein und sich von Alltagssorgen befreien zu können. In diesem Beispiel steht der kommunikative Austausch nicht im Vordergrund. Vielen anderen Befragten bedeuten der Austausch und die Meinung des Gegenübers hingegen sehr viel. Wichtig ist allen, dass sie sich ihrer Persönlichkeit und Befindlichkeit entsprechend verhalten können und so, wie sie sind, akzeptiert werden. Dieser Raum und diese Sicherheit geben vielen Menschen im Beruf die Kraft, schwierige Situationen zu meistern. Nicht nur die Familie, auch Freunde oder Serviceclubs und andere Verbände oder Interessengemeinschaften werden hierin als hilfreich erlebt. Der CEO eines schweizerischen Unternehmens äußert sich dazu wie folgt: «Ich bin Mitglied eines Volleyballclubs. Ich spiele zwar nicht mehr selbst, aber ich gehe immer zu den Abendessen. Ich bin auch noch Mitglied eines Zigarrenclubs, abstrus, nicht? Da gehe ich manchmal nur eine Stunde hin und treffe interessante Leute; und jedesmal, wenn ich wieder im Büro sitze, sage ich mir, es ist wieder so schön gewesen!»

Die soziale Unterstützung kann auch im fachlichen Bereich liegen. Darauf weist zum Beispiel ein CEO hin, der mit dem Verwaltungsratspräsidenten einen guten Austausch pflegt und in seinen Entscheiden getragen und unterstützt wird. Dasselbe gilt natürlich auch zwischen Vorgesetzten und innerhalb eines Teams. Auch mit Menschen außerhalb des Betriebs können zum Teil fachliche Fragen diskutiert werden. So zum Beispiel mit ehemaligen Arbeitskollegen, Studienkollegen oder Freunden in ähnlichen Situationen. Einige der Befragten gehen regelmäßig zu einem Coach. Ist der Coach ein Psychologe mit Universitätsabschluss, so untersteht er von Gesetzes wegen dem Berufsgeheimnis und behandelt alles Gesagte streng vertraulich. Der CEO eines schweizerischen Unternehmens beschreibt die Möglichkeit der sozialen Unterstützung in Form eines Coachings wie folgt: «Bei einem Coach kann ich zielgerichtet abladen. Ich weiß, ich habe alle zwei Wochen einen Termin, dazwischen kann ich alle Problemstellungen sammeln. Dies befreit mich und hebt meine Balance. Klar könnte ich dies auch mit meiner Partnerin besprechen. Ich traue ihr in dieser Beziehung auch allerhand zu, aber ich selber finde es langweilig, zuhause immer über den Beruf zu reden. Wir besprechen da anderes und Interessanteres.»

Insbesondere Berufsfrauen erleben die praktische Hilfestellung aus dem Kreis der Familie oder Freunde als sehr entlastend. So sagt eine Politikerin: «Wenn immer es nötig war, hat der familiäre Boden gehalten. Ich war mal sehr krank, da hat mich meine Tochter jeweils vom Büro abgeholt und mich zum Arzt begleitet.»

Grenzen Sie sich ab

Abgrenzen können Sie sich auf verschiedenen Ebenen. Mental oder geistig, indem Sie sich ablenken und an etwas anderes denken. Physisch, indem Sie in die Ferien fahren. Sozial, indem Sie einen Freundeskreis außerhalb des Berufs pflegen. Emotional, indem Sie die Stresssituation uminterpretieren und sie als Challenge bzw. Herausforderung sehen. In dieser Reihenfolge nannten die befragten Führungskräfte die verschiedenen Abgrenzungsmöglichkeiten von beruflichen Themen.

- *Mentale Abgrenzung*

«Bei mir gibt es nur eines, wo ich gezwungen bin, mich von beruflichen Dingen mental abzugrenzen, das ist beim Golfspiel. Sobald ich mit den Gedanken abschweife, merke ich, dass ich sofort schlechter spiele. Da habe ich also alle paar Meter einen Hinweis und denke: Aha, da solltest du dich wohl mal wieder besser konzentrieren, sonst gehst du besser nach Hause.»

(CEO, internationaler Konzern)

Mentale Abgrenzung und Ablenkung scheinen bei den Spitzenführungskräften die häufigsten Strategien zu sein, um sich gedanklich vom Beruf zu lösen. Diese Methode wirkt dem Gedankenkreisen in Stresssituationen entgegen. Es gibt anstelle von Golf auch weniger aufwendige Beschäftigungen, wie zum Beispiel Einkaufen und Kochen, Musik hören, Belletristik lesen oder einfach vom Bürostuhl aufschauen, um Vögel zu beobachten. Einige der Probanden schaffen die mentale Abgrenzung auch auf «Befehl». Eine Politikerin beschreibt das so: «Abstellen, das tue ich mit sehr viel Disziplin. Ich sage mir, wenn ich mich mental dauernd mit dem Beruf beschäftige, dann bin ich ja gar nicht mehr für andere da. Also sage ich mir, dass ich jetzt für meine Familie da bin, und am Abend sage ich mir, so, jetzt schläfst du! Ich weiß doch, dass ich am anderen Morgen die Kraft brauche und es mir nichts nützt, wenn ich die ganze Nacht wach liege. So stelle ich den Sorgenrucksack am Abend vor die Haustüre und siehe da, am anderen Morgen steht der noch da! Den hat nämlich noch nie einer gestohlen!» Andere geben an, einen direkten Schalthebel zu haben, den sie einfach abends umlegen können. Dann tritt der Beruf sofort in den Hintergrund. «Ich sage mir, jetzt stelle ich ab, und dann stelle ich auch ab» (CEO, internationales Unternehmen). Vielen gelingt der Fokuswechsel und das sofortige Abstellen der Gedanken nicht auf Knopfdruck, sie müssen einer Freizeitbeschäftigung nachgehen, um auf andere Gedanken zu kommen. Die bekannten Entspannungsmethoden wie Autogenes Training, Meditation oder Yoga scheinen in dieser Gruppe von Spitzenführungskräften weniger beliebt zu sein. Ich erkläre mir dies einerseits mit dem sehr hohen Energie- und Tätigkeitslevel, auf dem die Spitzenführungskräfte sich die meiste Zeit des Tages befinden. Ein rascher Wechsel von dieser hohen Frequenz in die Ruhe ist vermutlich schwierig, zumal «das Nichtstun» häufig als langweilig und unnütz erlebt wird. Andererseits könnte ich mir auch vorstellen, dass Meditation und andere Entspannungsmethoden von diesen Menschen als zu «esoterisch» oder «spirituell» empfunden werden. Diese Begriffe sind oft negativ besetzt, und das führt wiederum dazu, dass die erwähnten Methoden abgelehnt werden. So geben denn die meisten der Befragten an, sich auf Aktivitäten außerhalb des Berufs zu konzentrieren, um sich mental abzugrenzen.

Spitzenführungskräfte erheben selten Anspruch auf einen oder mehrere freie Tage in der Woche. Es reicht ihnen, wenn sie sich da und dort einmal einige Stunden oder sogar nur Minuten nehmen, um an etwas anderes als an den Beruf zu denken. Die Fähigkeit, den Fokus sehr rasch zu wechseln, und die Gabe, vollständig und bewusst mit den Gedanken gerade in der gegenwärtigen Situation anwesend zu sein, sind ressourcenschonende Methoden. Dabei wird die Work-Life-Balance eher im Sinn einer «intelligenten Verzahnung von Arbeits- und Privatleben» gesehen (Meckel, 2007, S. 113). Menschen, die im Beruf Vollgas geben, scheinen die Lebensräume und Lebenszeiten zu vermischen. Das heißt, die Grenzen zwischen Arbeit und Freizeit lösen sich allmählich auf – auch gezwungenermaßen, durch den Einsatz der neuen Technologien wie Laptop, mobile E-Mail, Mobiltelefon und Blackberry. Es herrscht die Einsicht vor, dass der Kampf um die Trennung von Berufs- und Privatleben zu viel Energie kostet und eine künstliche ist. Das Konzept der Work-Life-Balance wird sehr häufig sogar kritisiert, weil die Arbeit ebenfalls als Leben betrachtet und als Energiespender angesehen wird. Das Leben wird als ein Ganzes verstanden, das verschiedene Facetten aufweist. Hat sich das Konzept der Work-Life-Balance überlebt? Da es sich hier um neuere Erkenntnisse handelt, scheint es mir sinnvoll, an dieser Stelle auf diese Frage einzugehen.

Woher stammt die Idee der Work-Life-Balance?

Die Vorstellung einer Trennung von Arbeit und Freizeit geht zurück auf Karl Marx (1844). Er hielt eine solche Trennung für nötig, weil der Mensch im industriellen Zeitalter sowohl von seiner Arbeit, dem Produkt, dem Arbeitsprozess wie auch seinen Mitmenschen entfremdet ist. Diese Entfremdung von der Arbeit beinhaltet folgende Aspekte: Machtlosigkeit, da die Arbeitnehmer keinen Einfluss auf das Unternehmensergebnis haben. Bedeutungslosigkeit der Arbeit, da die Mitarbeiter keine Klarheit und Transparenz bezüglich der Entscheidungsfindungen haben. Selbstentfremdung, weil die Arbeitnehmer keinen inneren Bezug mehr zur Arbeit haben, das heißt nur noch für Geld und nicht aus einer inneren Motivation heraus arbeiten. Treffen diese drei Kriterien auf Arbeitnehmer zu, dann scheint die Einhaltung einer Work-Life-Balance notwendig zu sein. Bei den Spitzenführungskräften liegt meines Erachtens keine Entfremdung von der Arbeit vor, und der Einfluss auf das Unternehmensergebnis ist recht groß. Somit ist auf diese von mir untersuchte Stichprobe das Modell der Work-Life-Balance nicht notwendigerweise anwendbar. Eine Bedingung gilt es dennoch zu berücksichtigen: Die Familie bzw. der Freundeskreis muss das berufliche Engagement akzeptieren und diesem wohlwollend gegenüberstehen. Ist dies nicht der Fall, so kommt es häufig – auch bei Spitzenführungskräften – zu einer Zerreißprobe.

Der CEO eines multinationalen Unternehmens: «Wenn ich weiß, die Familie steht hinter mir, dann fallen natürlich viele Sorgen weg. Dann ist die Angst, dass etwas schief geht, nicht so groß, und auch die Zerreißprobe zwischen Familie und Kunde ist kleiner. Es wäre anstrengend, wenn ich andauernd denken müsste, eigentlich sollte ich beim Kunden sein und gleichzeitig sollte ich bei der Familie sein. Es ist viel leichter, wenn ich weiß, dass die Familie im grünen Bereich ist und ich mir nicht überlegen muss, ob ich jetzt die Familie oder den Kunden zu verlieren habe.»

- *Physische Distanzierung*

> «Ich hätte sicher viel eher ein Burnout, wenn ich da, wo ich arbeite, auch leben und immer dasselbe ansehen müsste. Ich würde also nie dort wohnen, wo ich arbeite. Wenn ich am Abend heimkomme, bin ich schon sehr erholt, weil mir der Arbeitsweg von fünfzig Minuten gut getan hat.»
>
> *(Rektorin, Hochschule)*

Physische Distanz von der Arbeit kann also unter anderem die bewusste Wahl eines längeren Arbeitsweges bzw. die Trennung von Arbeits- und Wohnort bedeuten. Das fand ich erstaunlich, denn viele Menschen wollen möglichst nahe am Arbeitsort wohnen, damit sie rasch zu Hause bei ihrer Familie sind. Einen weiten Weg empfinden sie als belastend und auch als Zeitverschwendung. Die Spitzenführungskräfte haben mir in diesem Punkt andere Antworten geliefert. Nicht wenige von ihnen besitzen ein «pied à terre» am Arbeitsort und fahren nur am Wochenende und vielleicht noch ein- bis zweimal während der Woche heim zu ihrer Familie. Diese wohnt unter Umständen in ganz anderen Landesteilen. Damit finden die Wochenenden in einer vollkommen anderen Umgebung statt. Dies wird als Bereicherung erlebt und dient der Erholung.

Physische Distanz kann kurzfristig auch durch Ferien erzielt werden. Die Wahl des Ferienortes ist dabei wichtig: Spitzenführungskräfte wählen meist Destinationen im Ausland, wenn möglich auf einem anderen Kontinent. Dort gibt es keine lokalen Zeitungen, und die Zeitdifferenz ist zu groß, als dass sie in dieser Zeit wirklich ins Tagesgeschäft involviert werden könnten.

- *Soziale Distanzierung*

> «Meine Agenda ist immer für alle einsehbar. Alle Mitarbeiter können mir Termine eintragen. Manchmal blockiere ich aber bestimmte Zeiten und schreibe irgendetwas hinein, was gar nichts heißt. Das gibt mir dann einen Tag die Freiheit, das zu tun, was ich tun will. Die Leute merken das auch nicht, weil ich ja immer noch liefere, was geliefert werden muss.»
>
> *(CEO, multinationales Unternehmen)*

Soziale Distanzierung heißt, von Mitarbeitern, Geschäftssitzungen und von Problemstellungen der anderen Abstand nehmen. Dazu gehört der Umgang mit den modernen Kommunikationsmitteln. Inwiefern bin ich immer auf Empfang und für alle erreichbar? «Wenn ich es zulasse, dass ich omni-erreichbar bin, dann kommen auch alle auf mich zu. Wenn ich den Leuten aber sage, ihr dürft mich nur im Notfall anrufen, ansonsten müsst ihr euch organisieren, dann gibt es deutlich weniger Anrufe» (CEO, internationaler Konzern). Viele freuen sich, dass sie im Zug einige Stunden ohne Mailkontakt sein können und auch im Flugzeug keine Verbindung zur Außenwelt herstellen können. Dies wird als Entspannung und Wohltat bezeichnet. Ein weiterer wichtiger Punkt ist auch die Abgrenzung von beruflichen Problemen, die zwar an einen herangetragen werden, die aber nicht in den eigenen Fach- oder Kompetenzbereich gehören. Der CEO eines internationalen Konzerns drückt dies treffend so aus: «Ich brauche ein klares Bild von meinen Problemkreisen, das heißt, ich muss darauf achten, wann die Grenze erreicht ist und das Problem nicht mehr meines ist. Dann frage ich jeweils an den Sitzungen: Wem gehört das Problem?»

• *Emotionale Distanzierung*

> «Ich versuche oft, eine Stresssituation ganz nüchtern zu betrachten und intellektuell einzuordnen. Manchmal benutze ich auch die Analogie vom Gewitter: Ich sage mir, irgendwann hört es auf zu regnen und bis dahin halte ich den Regenschirm oben.»
> *(Verwaltungsratspräsident, multinationaler Konzern)*

Die meisten Spitzenführungskräfte standen schon einmal im Hagel der Kritik. Als Bewältigungsstrategie wird nicht selten die emotionale Distanzierung gewählt: «Wenn Sie bei jedem unerledigten Problem einen Nervenzusammenbruch erleiden, dann bleiben Sie nicht lange gesund» (Verwaltungsratspräsident, multinationaler Konzern). Burnoutprävention heißt auch, sich emotional abgrenzen zu können, indem versucht wird, die Sach- von der Personenebene zu trennen. Möglicherweise geht es dem kritisierenden Gegenüber gar nicht um die Sache, sondern er will nur mal Dampf ablassen und sich ausschimpfen. Lösungsvorschläge stoßen bei einem solchen Gegenüber meist auf taube Ohren.

Organisieren Sie sich

Sind Sie eher der spontane Typ, der am Morgen fragt, «was steht heute an?», und dann hektische Aktionen vollführt? Oder vielleicht doch eher jemand, der, soweit wie möglich, im Voraus plant? Erstellen Sie Termin- und Dringlichkeitslisten und erledigen jene Geschäfte, die auf Termin- und Dringlichkeitsliste zuoberst stehen, auch tatsächlich zuerst? Besonderes Gewicht hat auch in diesem Bereich der Organisationsfähigkeit die Frage nach dem Umgang mit der neuen Kommunikationstechnologie. Wie organisieren Sie sich rund um den Blackberry? Wie gehen Sie mit der Informationsflut um und schaffen es, anstehende Probleme wirklich durchzudenken? Wie können Sie sich entlasten, und an wen können Sie was delegieren?

An die Organisationsfähigkeit werden im Rahmen der heutigen Informationsschwemme und Omni-Erreichbarkeit große Anforderungen gestellt. Es besteht die Gefahr, sich zu verzetteln, Energien zu verpuffen und das nicht nützliche Gedankenkreisen zu fördern. All das erhöht das Burnoutrisiko. Wie halten es also die Spitzenführungskräfte mit der Organisation ihrer Arbeit?

- *Zeitgefäße schaffen*

«In der täglichen Hektik habe ich keine Zeit, etwas richtig durchzudenken. Ich bin dann zum Handeln hier und nicht zum Denken. Das Reagieren auf die Datenflut aus einer eigentlichen Denkebbe heraus, das ist ein Problem, mit dem ich umgehen muss. Ich mache es so, dass ich am Morgen recht früh aufstehe und dann die Projekte durchlese. Dann habe ich Ruhe und keine Telefonate. Ich mache das am Abend nochmals und auch am Wochenende. Wenn ich mich entscheide, am Wochenende zu arbeiten, plane ich das vorher gut, schaue, dass ich dafür gut erholt bin, und dann erledige ich in sehr kurzer Zeit das, was ich länger aufgeschoben habe.»

(CEO, multinationales Unternehmen)

Spitzenführungskräfte schaffen sich Zeitgefäße, z.B. in Randzeiten, wo sie in Ruhe komplexere Problemstellungen bearbeiten können. Wichtig ist, dass sie diese Zeit gut planen und in etwa wissen, was sie in welcher Zeitspanne erledigen wollen. Sie können so effizient und ruhig jene Dinge angehen, die im Alltag nicht sorgfältig bedacht werden können. Dabei achten die Führungskräfte nicht zuletzt auch auf den eigenen Biorhythmus. Gehören sie eher zu den Lerchen, also zu den Frühaufstehern, dann nutzen sie eher die Zeit am frühen Morgen. Jene, die zu den Eulen gehören, setzen sich nach dem Abendessen nochmals an die Arbeit. So gelingt es ihnen, in wenigen Stunden konzentriert wichtige Informationen aufzunehmen und fundierte Entscheidungen zu fällen.

- *Delegieren*

> «Ein wichtiges Prinzip beim Umgang mit der Arbeitsmenge ist die Delegation. Ich habe eigentlich immer die Gabe gehabt, mich mit Mitarbeitern zu umgeben, die ihre Arbeit richtig machen. So kann ich ihnen auch eine recht lange Leine lassen. Man soll nicht meinen, dass man alles selber erledigen muss.»
>
> *(CEO, multinationaler Konzern)*

Um delegieren zu können, braucht es eine gute Personalauswahl, Mitarbeitende, die motiviert, selbständig, diszipliniert, gut ausgebildet, integer und loyal sind. Die delegierten Aufgaben sollten auch delegierbar sein und die Mitarbeiter weder über- noch unterfordern. Ansonsten verlieren sie ihre Motivation, die Arbeitszufriedenheit sinkt, bzw. die Fluktuation steigt. Ideal ist es, ganzheitliche, vielfältige und bedeutsame Arbeiten zu delegieren. Mitarbeiter brauchen zur Erledigung ihrer Arbeit genügend Autonomie. Sie sollen selbst bestimmen können, wie sie ihre Arbeit erledigen bzw. wie sie ihre Ziele erreichen wollen. Viele der Befragten geben an, dass sie die delegierte Arbeit wirklich «loslassen» und nur darauf achten, dass das Ergebnis innerhalb der vereinbarten Zeit geliefert wird. Ferner ist es wichtig, anschließend dem Mitarbeiter Feedback zu geben. Nicht nur, weil dies zur Motivation beiträgt, sondern auch, weil der Mitarbeiter auf diese Weise seine Fähigkeiten einzuschätzen lernt.

«Ich habe mir bei den E-Mail-Ordnern einen mit dem Namen ‹Copy only› angelegt. Alles, was mir CC geschickt wird, geht in diesen Ordner und wird gar nicht gelesen. Vielleicht komme ich mal darauf zurück, aber eigentlich lebe ich diesbezüglich mit dem Prinzip ‹Mut zur Lücke!›»

(CEO, internationaler Konzern)

Wie können wir die ‚Work Extention Technologies' sinnvoll einsetzen, damit sie eher nützen als belasten? In einer kanadischen Studie gaben 70% von 31 000 befragten Arbeitnehmern an, dass die Arbeitsbelastung und der dadurch empfundene Stress durch den Einsatz mobiler Kommunikationstechnologien gestiegen seien. 68% gaben aber auch an, dass ihr Einsatz dadurch produktiver geworden sei (Meckel, 2007). Beides ist also möglich. Es geht daher vor allem darum, wie der Einzelne am besten mit der Forderung nach ständiger Erreichbarkeit und der gegebenen Informationsflut umgeht. Der Blackberry ist momentan wohl das neueste technische Kommunikationsmittel, das stark in die Privatsphäre eingreift. Wie gehen Führungskräfte mit diesem Instrument um, wann und wo setzen sie es ein? Wie verhindern sie es, dass ihre Gedanken und ihr Blick ständig um den Blackberry kreisen? Eine Strategie wurde bereits aufgeführt: Mails in Kopie (CC) werden erst gar nicht gelesen; oder es werden überhaupt nur jene E-Mails gelesen, bei welchen in der Adresszeile nicht mehr als drei Personen stehen. Einige Befragte sperren auf ihrem Blackberry den Mail-Eingang und leiten ihre gesamten E-Mails auf ihr Sekretariat um. Dort werden sie einer Triage unterzogen. Der Chef bekommt dann nur die wichtigsten zu sehen. Wieder andere schalten ihre mobilen Telefone zu gewissen Tages- oder Nachtzeiten (zwischen 22.30 Uhr und 07.00 Uhr) oder während sportlicher Tätigkeiten und bei wichtigen Sitzungen aus. Spitzen-führungskräfte zeichnen sich oft dadurch aus, dass sie loslassen können. Sie haben nicht das Gefühl, dass die Welt untergeht, nur weil sie für einige Stunden unerreichbar sind oder eine Nachricht nicht gelesen haben. Ich habe bei den Befragten sehr viel Kreati-vität und Flexibilität im Umgang mit der neuen Kommunikati-onstechnologie festgestellt – und eine hohe Selbstdisziplin. «Es weht der kalte Wind der Selbstverantwortung», wie Peter Glotz, der deutsche Politiker und Publizist, es formuliert.

- *Spezielle Organisationsmechanismen und -mittel*

> «Wenn ich eine schwierige Situation vor mir habe, von der ich weiß, sie kommt in zwei Monaten auf mich zu, dann schreibe ich mir schon heute auf einem Block dazu ein paar Worte auf. Dann lasse ich diesen Block in einem speziellen Fach verschwinden und rühre ihn vielleicht drei Wochen nicht mehr an. Ich habe während dieser Zeit das beruhigende Gefühl, ich hätte schon an dieser Sache gear-beitet, und die Lösung, die ich in ein paar Monaten brauche, stellt sich dann auch tatsächlich einfacher ein.»
>
> *(Verwaltungsratspräsident, multinationaler Konzern)*

Dies ist eine sehr interessante Arbeitsstrategie, bei der die Res-source des Unbewussten eingesetzt wird. Der zitierte Verwal-tungsratspräsident schreibt frühzeitig zu schwierigen Situationen einige Gedanken auf einen Zettel und legt diesen dann für einige Wochen zur Seite. Sein Verstand ist damit zufrieden, weil in die-ser Sache nun schon etwas unternommen wurde. Sein Unbewuss-tes wird hingegen stimuliert und arbeitet an dieser Thematik im ‹Hintergrund› weiter. Nach einigen Wochen fällt es diesem Men-schen deutlich leichter, einen guten und für ihn stimmigen Sach-entscheid zu fällen. Das Gedankenkreisen um die Sachfrage ist ausgeblieben, und er ist mit verhältnismäßig geringem Energieaufwand zu einer Lösung gekommen. Viele Psychologen und Psychotherapeuten arbeiten mit solchen Methoden, weil sie der Meinung sind, dass das Unbewusste klüger als das Bewusste sei (Erickson et al., 1976).

Eine ähnliche Erfahrung wurde immer wieder erwähnt: Mehrere der befragten Führungskräfte berichteten, dass ihnen die beste Lösungsidee für ein Problem meist mitten in der Nacht einfällt. Dann möchten sie den Gedanken bis zum Morgen festhalten, was sie wiederum am Einschlafen hindert. Zum Aufstehen sind sie jedoch zu müde. Eine einfache Methode, um die nächtlichen Ideen nicht zu verlieren und doch weiterschlafen zu können, ist die, sich Block und Stift neben das Bett zu legen, um etwaige Gedankenblitze gleich notieren zu können. Eine Universitätsrektorin erklärt: «Ich habe so ein altmodisches Moleskinebüchlein, da schreibe ich einfach alles rein. Dann ist es sozusagen noch da und doch zum Kopf raus. Ich mache das radikal, auch wenn ich im Bett liege. Wenn ich den Gedanken, den ich nachts habe, nicht aufschreibe, dann wache ich dreimal auf und ärgere mich, dass ich nicht mehr weiterschlafen kann. Ich fände es ja selber schade, wenn der Gedanke am nächsten Morgen weg wäre. Also schreibe ich alles auf.»

Setzen Sie Ihre Ziele klug

Ziele richtig zu setzen, ist manchmal gar nicht so einfach. In meiner Praxis begleite ich viele Klienten, die mit ihren Zielsetzungen nicht zurechtkommen und deswegen in eine Erschöpfung bzw. ein Burnout geraten sind. Ein Ziel sollte eine gute Zielqualität aufweisen, dann erweist es sich als motivierend und gleichzeitig stressreduzierend. Gute Zielqualität meint, dass das Ziel spezifisch, konkret und affirmativ formuliert, messbar, erreichbar, bedeutsam und kontrollierbar ist. Dabei sehe ich die persönliche Werthaltigkeit bzw. die Bedeutsamkeit des Ziels als wichtigste

Voraussetzung an. Das gesetzte Ziel motiviert dann am meisten und setzt am ehesten positive Energien frei, wenn es mit den inneren Werten und dem unbewussten Streben der Person im Einklang steht. Immer wieder sehe ich Menschen, die trotz ihres großen Einsatzes und ihrer Fähigkeiten ihr Ziel nicht erreichen. Das ist Stress pur und kann krank machen. Nicht selten findet der Klient in den Coachingsitzungen heraus, dass er äußerlich nach etwas strebt, was er im Innersten gar nicht will und was auch nicht seinem Wesen entspricht. Jedem bedeutsamen und wichtigen Ziel liegt ein bewusstes Motiv und dem Motiv ein unbewusster Bedürfniskern zugrunde (Storch & Krause, 2005). Stehen das äußere Motiv und der Bedürfniskern nicht im Einklang, bremst dies die zielgerichtete Handlung und macht die Zielerreichung schwierig. So habe ich einige Klienten erlebt, die ihre Karriereziele trotz höchsten Einsatzes nicht erreicht haben. Dieser – mitunter Jahre während – Kampf um Anerkennung von Vorgesetzten und um Beförderung erschöpft. In den Beratungssitzungen haben wir das Ziel «Beförderung» genauer angesehen. Ein Klient kam bald zu dem Schluss, dass er zwar das Ziel hatte, im Beruf vorwärtszukommen, die zugrundeliegende Motivation war jedoch nicht die Karriere selbst. Er fand heraus, dass er nicht in erster Linie nach Anerkennung, Geld, Führungsanspruch und Prestige strebte, sondern vielmehr nach einer interessanteren Tätigkeit. In der ersten Sitzung zeichnete der Klient von sich das Bild eines Karrieretyps, der nach Ansehen strebte. Das innere, unbewusste Persönlichkeitsbild war jedoch das eines Menschen, der sich ständig weiterentwickeln und vieles sehen und lernen wollte. Wir haben es in diesem Fall also mit zwei unterschiedlichen Motiven für «Karrieremachen» zu tun. Eine Person, die ersteres Motiv, «Streben nach Ansehen», verinnerlicht hat, würde sich in einem wettbewerbsorientierten Umfeld wohlfühlen und sich dort sehr wahrscheinlich behaupten können. Da der Klient jedoch das zweite Motiv, «persönliche Weiterentwicklung», verinnerlicht hat, zieht er Mehrwissen und vielfältige Tätigkeit einer «Bilderbuchkarriere» vor. In einem stark wettbewerbsorientierten Umfeld reicht eine solche Grundmotivation manchmal nicht aus, um die Karriereleiter emporzuklettern. Wie erhält nun der Mensch Zugang zu seiner unbewussten Grundmotivation? Das dem Ziel zugrunde liegende unbewusste Bedürfnis kann dem Klienten in einem Coaching mit verschiedenen, insbesondere mit psychodynamischen Techniken zugänglich gemacht werden.

Ein anderes Thema in diesem Zusammenhang ist die Erreichbarkeit eines Ziels. Es kann geschehen, dass ein Ziel aufgrund veränderter äußerer oder persönlicher Bedingungen einfach nicht mehr erreicht werden kann oder seinen Sinn verliert. Dann wird es besser losgelassen oder es muss an die neuen Verhältnisse angepasst werden. Nur so werden neue Energien freigesetzt und der Betreffende kann sich auf Neues konzentrieren. Ein eben noch erreichbares Ziel kann hingegen auch eine Herausforderung sein. Sie können sich dann selber fragen, welche Ihrer bisherigen, gut funktionierenden Ressourcen Sie vermehrt aktivieren müssen und/oder welche anderen Ressourcen zusätzlich erschlossen werden könnten, um das Ziel doch noch zu erreichen. Denn Hindernisse können uns stärken, indem wir lernen, mit ihnen umzugehen und sie zu überwinden. Es ist deshalb sehr wichtig, sorgfältig zu unterscheiden, ob ein Ziel noch oder tatsächlich nicht mehr zu erreichen ist. Hierzu ein Beispiel: Eine Unternehmung hat aufgrund von Fehleinschätzungen im Finanzmarkt massive Verluste zu verzeichnen. Dies führt unter anderem auch dazu, dass die Anlagekunden verunsichert und verärgert reagieren. Ein nennenswerter Abfluss von Kundengeldern zu anderen Instituten ist die Folge. Demnach könnte es sein, dass das ursprüngliche Ziel eines Mitarbeitenden, «Erhöhung des Anlagevolumens um 10 %», nicht mehr zu erreichen ist. Schließlich wurde das Ziel zum Zeitpunkt vor der Fehleinschätzung gesetzt. Aufgrund der neuen Ausgangslage ist das bisherige Ziel unerreichbar geworden und muss neuen Zielen weichen. Nun wäre es aber auch möglich, dass sich die Situation für den Kundenberater trotz Fehleinschätzung und Geldverlusten des Instituts nicht grundlegend verändert hat. Unter Umständen könnte der neuen Situation mit einer neuen Kommunikationsstrategie den Kunden gegenüber begegnet werden. Vielleicht wäre das Ziel des Kundenberaters weiterhin zu erreichen, wenn er im kommunikativen Umgang mit verärgerten bzw. verunsicherten Kunden geschult würde. Möglich, dass er mit diesem Mehreinsatz (Ausbildung in «communication skills») sein bisheriges Ziel doch noch erreichen kann. Weiter scheint es mir wichtig, dass das Ziel positiv formuliert wird. Es wird Ihnen einfacher gelingen, ein Ziel zu etwas hin (neuer, erwünschter Zustand) zu erreichen, als wenn Sie ein Ziel formulieren, dass von etwas (einem unerwünschten Zustand) weg führen soll. Der Mensch weiß meist rascher, was er nicht mehr will, und wählt dann eine entsprechend negative Formulierung für sein Ziel: «Ich höre auf zu rauchen.» Neurophysiologisch ist jedoch eine Verneinung wie «nicht rauchen» schwierig abzuspeichern. Für eine Verneinung existiert kein entsprechendes Bild. Auf innere Bilder haben wir Menschen jedoch viel einfacher einen Zugriff und können uns leichter danach ausrichten. Das innere Bild, das bei diesem Zielsatz aufgerufen wird, ist «rauchen». Die Gefahr besteht also, dass die Person sich weiterhin aufs Rauchen fokussiert. Das Gehirn hat bereits bestimmte Situationen (Stress, Essen, Kaffee) mit dem Bild «Zigarette» und dem bisherigen Muster «anzünden und rauchen» verknüpft. Neujahrsvorsätze führen aus diesem Grund häufig zu Frustrationen, weil sie nicht eingehalten werden können. Formulieren Sie also statt dessen besser: «Ich lebe gesund.» Dieser Satz enthält auch das Nichtrauchen. Zu diesem Thema gibt es einen Zen-Spruch, der die mit positiven Zielformulierungen verbundenen Schwierigkeiten auf amüsante und paradoxe Art aufzeigt:

«Wenn ich denke,
dass ich nicht mehr an dich denke,

denke ich immer noch an dich.
So will ich denn versuchen,
nicht zu denken,
dass ich nicht mehr an dich denke.»
(in: «Wie wirklich ist die Wirklichkeit»,
Watzlawick, 2005, S. 25).

Achten Sie zudem darauf, dass Sie das Ziel zu hundert Prozent unter Ihrer eigenen Kontrolle haben. Braucht es zur Zielerreichung die Hilfe von Drittpersonen, so besteht das Risiko, dass das Ziel nicht zu erreichen ist, weil die Drittpersonen kaum gezwungen werden können, Ihnen in Ihrer Zielerreichung behilflich zu sein. Das Ziel «ich will befördert werden» ist also unter diesem Gesichtspunkt ungünstig formuliert, weil es einen Chef braucht, der eine Beförderung befürwortet. Formulieren Sie also besser: «Ich setze täglich meine für die Arbeit nützlichen Ressourcen ein und erarbeite mir gegebenenfalls bestimmte weitere Fähigkeiten, die mir bei der Arbeit dienlich sind.»

Lassen Sie los

«Jene, die sagen, wenn ich dann mal pensioniert bin, dann mache ich dies oder das. Oder solche, die sagen, wenn ich eine andere Frau hätte, dann wäre es so oder anders. Die Leute sind ja gar nie dort, wo sie gerade sind, sondern ständig sauer, dass sie nie das machen, was sie eigentlich möchten. Sie leben nicht in der Gegenwart!»

(Verwaltungsratspräsident, multinationaler Konzern)

In unserer Zeit, die von Wandel und hohem Tempo geprägt wird, sind Loslassen und Neuorientieren zentrale Themen geworden. Dabei kann es sich um Ziele handeln, die sich aufgrund des äußeren oder inneren Wandels nicht mehr erreichen lassen. Oder es

kann um Werte und Informationen gehen, die gestern noch ge-
golten und heute bereits überholt sind. Stets sind wir gefordert,
das, was eben noch Gültigkeit gehabt hat, zu überprüfen und uns
neu einzustellen und auszurichten. Das bedeutet, dass wir ständig
angehalten sind, Altes zu revidieren und Neues zuzulassen. Immer wieder müssen wir wählen, filtern und aussortieren. Eine
Wahl zu treffen heißt aber auch immer, das nicht Gewählte loszulassen.

- *Informationsflut*
Wir könnten täglich eine Flut von Informationen aufnehmen,
trotzdem müssen wir uns dafür entscheiden, viele Informationen
nicht zu berücksichtigen, damit uns die Last, diese Informationen
auch zu verarbeiten, nicht erdrückt. So erachten es auch manche
Führungskräfte als wichtig, den Blackberry für einige Momente
ruhen zu lassen und nicht auf alle drängenden Fragen zu antworten. Viele dieser Fragen sind gar nicht so wichtig und können zu
Gunsten der vordringlichsten Fragen vernachlässigt werden.
Dazu meint der CEO eines multinationalen Unternehmens:
«Choose the battle you want to win!» Solche Menschen entscheiden sich sorgfältig für die wichtigen Fragen und verarbeiten auch
nur diesbezügliche Informationen, während sie die restlichen ig-
norieren.

- *Tue mehr von dem, was funktioniert*
Viele Menschen, die ich begleite, haben die Gewohnheit, von
dem, was nicht funktioniert, mehr zu tun. Ich empfehle hingegen,
die Bewältigungsstrategien, die nicht nützlich waren, loszulassen
und neue auszuprobieren. In den Gesprächssitzungen wird viel
Zeit dafür verwendet, herauszufinden, was bisher gut funktioniert hat und welche Ressourcen dabei nützlich gewesen sind.
Auf diese Weise reduziert sich meist schon viel Stress. Für manche Klienten ist eine Richtungsänderung mit großen Schwierig-

keiten verbunden. Sie haben auf ihrem bisherigen Weg viel Zeit und Energie investiert. Oft kommt denn auch die Frage nach der Fehlinvestition auf, und diese hat meist eine negative Wirkung auf den Selbstwert. Deshalb ist es wichtig, den bisherigen Weg zu würdigen und alles auf den neuen mitzunehmen, was bisher gut und hilfreich gewesen ist. Zielanpassungen, Richtungswechsel und Loslassen haben ihren Preis. Diesen gilt es möglichst tief zu halten. Der Preis fürs Loslassen muss deutlich tiefer sein als der Gewinn, der aus der Neuorientierung resultieren kann. Ist dem nicht so, erfolgt wahrscheinlich keine Neuorientierung.

Achten Sie auf den Sinn bei Ihrer Arbeit

Wann gibt Arbeit Sinn? Wonach streben wir in unserem Leben? Welche Lebensprinzipien leiten uns? Diese Fragen habe ich in meinen Interviews gestellt. Die entsprechenden Antworten gaben mir Hinweise auf die Arbeitsmotivation und den zugrunde liegenden Bedürfniskern. Dabei stellte sich heraus, dass bei den Spitzenführungskräften die genannten Lebensprinzipien mit der Arbeitsmotivation überraschend gut übereinstimmten. Drei Lebensprinzipien und Hauptmotive habe ich in meiner Untersuchung herausdestillieren können:

1. das Streben nach Erkenntnis
2. das Streben nach Ordnung/Struktur
3. das Streben nach sozialen Verbindungen

Das Stichwort «Erkenntnis» beinhaltet auch Leistung und persönliches Wachstum als wesentliche Faktoren. Beim Stichwort «Ordnung/Struktur» sind Macht, Ehrgeiz und finanzielle Autonomie prägende Charakteristika.

Der Wunsch nach sozialen Bindungen umfasst auch das Streben nach Zugehörigkeit, Vertrauen, Liebe, Teil eines Ganzen sein und etwas für die Gesellschaft tun wollen.

Wie schon beschrieben, ist ein Ziel viel leichter und besser erreichbar, wenn es mit dem inneren Grundbedürfnis des jeweiligen Menschen übereinstimmt. Das Ziel wirkt dann stressmindernd und motivierend. Der Lebenssinn ist meiner Ansicht nach eng mit diesem Grundbedürfnis verknüpft. Die Frage nach der Sinnhaftigkeit ist deshalb wichtig und lässt sich auf die Arbeit übertragen. Steht Ihre Arbeit mit Ihrer Vorstellung von Lebenssinn größtenteils im Einklang? Wenn Sie die Frage mit Ja beantworten können, so ist Ihre Arbeitsmotivation eher hoch und Sie haben wohl ein niedrigeres Burnoutrisiko als wenn Sie die Frage mit Nein beantwortet hätten.

Nachfolgend beschreibe ich die wesentlichen drei Sinninhalte oder Lebensprinzipien, welche die Spitzenführungskräfte genannt haben, noch einmal ausführlicher.

Natürlich gibt es Mischformen dieser drei Kategorien von Grundprinzipien. In der Regel aber herrscht ein Lebensprinzip vor und wird von einem zweiten flankiert, während das dritte deutlich untervertreten ist. Bei der Thematik «Typendreieck» und «Typenmuster», die ich aus diesen drei Grundmotiven ableite, gehe ich dann noch einmal näher auf die Inhalte und deren Unterschiede ein.

- *Streben nach Erkenntnis*

> «Es ist mir sehr wichtig, dass ich später einmal zurückschauen und sagen kann, ich bin nicht stehen geblieben, es ist immer weitergegangen. Jetzt mit sechzig kann ich sagen, dass sich verschiedene Bäche beginnen, zu einem Fluss zu vereinigen.»
>
> *(Verwaltungsratspräsident, multinationaler Konzern)*

Streben Sie nach Erkenntnis? Dann schätzen Sie gewiss ein leistungsorientiertes Klima, Verantwortung, neue Lern- und Erfahrungshorizonte und haben einen eigenen Gütemaßstab, an dem

Sie sich selber messen. Sie planen Ihre Karriere nicht konsequent, sondern lassen sich eher von den aktuellen und im Moment gerade für Sie spannenden Möglichkeiten leiten.

- *Streben nach Ordnung und Struktur*

> «Ich habe einfach Freude am Erfolg und einen riesigen Ehrgeiz, alles so gut wie möglich zu machen. Möglichst immer der Beste zu sein. Und was ich immer gewollt habe, ist, gut zu verdienen, dass ich eine völlige Unabhängigkeit etablieren kann.»
>
> *(Verwaltungsratspräsident, multinationaler Konzern)*

Streben Sie nach Ordnung und Struktur? Dann freuen Sie sich vermutlich besonders darüber, wenn Ihre Arbeit Führung beinhaltet. Sie bevorzugen möglicherweise ein kompetitives und hierarchisch strukturiertes Berufsumfeld, in dem Sie sich durchsetzen, messen und beweisen können. Ihnen ist wahrscheinlich viel daran gelegen, als Sieger aus einem Kampf hervorzugehen.

- *Streben nach sozialen Verbindungen*

> «Sinn ist immer dann gegeben, wenn es der Gemeinschaft schlechter ginge, wenn diese Arbeit nicht gemacht werden würde.»
>
> *(CEO, internationaler Konzern)*

Schätzen Sie ein interaktionsorientiertes Klima, setzen auf Vertrauen und Akzeptanz zwischen unterschiedlichen Menschen und wollen der Gemeinschaft von Nutzen sein? In diesem Falle streben Sie vermutlich nach Zugehörigkeit, sozialen Verbindungen und Vertrauen.

Energieressource «soziale Unterstützung»

Die soziale Unterstützung hat den höchsten Stellenwert unter den persönlichen Strategien zum Stressabbau bzw. zur Burnoutprävention. Es ist wichtig, dass unser Umfeld – sei dies die Familie und/oder Freunde – unser berufliches Engagement nicht nur akzeptiert, sondern auch aktiv emotional unterstützt. Die Führungskräfte, die ich befragt habe, haben immer wieder betont, wie wichtig das Gefühl für sie ist, auch durch schwierige Phasen hindurch begleitet zu werden. Weiter ist es hilfreich, wenn man sich fachliche Unterstützung holen kann, sei es im beruflichen Umfeld selbst oder außerhalb bei Freunden oder ehemaligen Kollegen. Auch ein Coach kann als soziale Unterstützung in Führungs- und persönlichen Fragen dienlich sein. Man sollte den Coach sehr sorgfältig auswählen und auch auf dessen beruflichen Werdegang und seine Ausbildung achten. Schließlich muss er mit dem ihm entgegengebrachten Vertrauen auch professionell und sorgfältig umgehen können.

Das Leben als ein Ganzes leben: Vermischung von Arbeit und Freizeit bei guter mentaler Abgrenzungsfähigkeit

Die Vermischung von Arbeit und Freizeit kann sinnvoll sein und wird von den befragten Führungskräften meist bejaht und sogar als positiv und entlastend angesehen. Dabei ist es wichtig, jeden Moment auch bewusst in der Gegenwart zu leben. Wer wirklich im Jetzt leben kann, erbringt eine hohe mentale Abgrenzungsleistung. Es können wenige Minuten oder Stunden sein, in denen Sie die Natur oder ein Kunstwerk betrachten, Golf spielen, mit dem Hund spazieren gehen oder mit der Familie etwas unternehmen – wenn jeder Moment in voller Konzentration und Achtsamkeit gelebt wird, wird die Energie wieder gut mobilisiert, die Sie im Beruf brauchen. In unserer Zeit der neuen Kommunikationstechnologien braucht es eine intelligente Verzahnung von Privat- und Berufsleben. Das heißt nicht unbedingt, dass ein Anspruch auf mehrere freie Tage in der Woche erhoben werden muss. Viele Spitzenführungskräfte erachten dies für sich sogar als wenig nützlich. Ständiges Gedankenkreisen um Beruf und Blackberry hingegen ist energie- und meist auch schlafraubend und birgt das Risiko eines Burnouts. Mentale Abgrenzung ist deshalb eine der wichtigsten Strategien und will gelernt sein. Manchmal helfen mentale Bilder, wie jenes vom Sorgenrucksack, der abends vor die Wohnungstüre gestellt wird. Die Erfahrung zeigt, dass er auch am nächsten Morgen noch da sein wird! Also kann man ihn nachts ruhig draußen lassen und sich erst einmal entspannen. Besonders weibliche Führungskräfte erreichen eine mentale Abgrenzung durch Meditation, Yoga, Entspannungstrainings oder Autogenes Training. Die Einkehr in die Stille wurde insgesamt jedoch in meiner Befragung selten genannt.

Delegieren, Fokus auf freie Zeiten im Berufsalltag legen, Mut zur Lücke haben, Raum für Denkzeiten schaffen, kreative Nutzung der eigenen Ressourcen

Der Arbeitsaufwand nimmt mit steigender Verantwortung im Beruf zu. Eine gute Organisation ist deshalb unerlässlich. Deshalb achten Spitzenführungskräfte auf eine stimmige Personalauswahl und suchen fähige, integre, selbständig denkende und loyale Mitarbeiter. Personen mit den genannten Eigenschaften werden als be-

sonders geeignet angesehen. Ich empfehle zudem, den Arbeitnehmern ganzheitliche, komplexere und vielfältige Arbeit aufzutragen.
Mitarbeiter sollen möglichst autonom arbeiten können und für die
geleistete Arbeit Feedback erhalten! Kreativität in der Terminge-
staltung ist wichtig. Lässt es der Terminkalender zu, blockieren
Spitzenführungskräfte manchmal Termine für sich und erlauben
sich spontan eine Auszeit. Das bedingt flexible Aufmerksamkeitslenkung auf solche Lücken im Alltag. Vielen der Befragten gelingt
es zudem, den Blackberry für einige Stunden auszuschalten, um
eine kommunikationsfreie Zeit für sich einzurichten. Es ist auch
sinnvoll, Zeiten einzuführen, in denen keine E-Mails beantwortet
werden. So zeigen einige unter den Befragten Mut zur Lücke und
vertrauen darauf, dass Sachverhalte, die dringend und wichtig genug sind, rechtzeitig an sie herangetragen werden. Eine verbreitete
Strategie ist auch das Schaffen von Zeitgefäßen für komplexere Arbeiten. Dabei wird auf den eigenen Biorhythmus geachtet. Falls
hierfür einige Stunden am Wochenende reserviert werden, sind sie
gut geplant. Man sollte darauf achten, an einem solchen Tag aus-
geruht ins Büro zu gehen und klar vor Augen zu haben, was man
in der vorgesehenen Zeit erledigen will.

Einige wenige der Befragten nutzen die Ressourcen des Unbewussten. Sie schreiben zum Beispiel Gedanken zu schwierigen Situationen auf ein Blatt und legen dieses dann für Wochen bei-
seite. Dann ist der Kopf entlastet, und Ideen zu der betreffenden
Thematik kommen zur gegebenen Zeit wie von selbst.

> Ziele klug und in Übereinstimmung mit dem Grundbedürfnis set-
> zen, nicht (mehr) erreichbare Ziele loslassen, Hindernisse mit geziel-
> tem Ressourceneinsatz bewältigen

Spitzenführungskräfte setzen ihre Ziele klug! Ein Ziel wirkt dann
stressreduzierend, wenn es spezifisch, messbar, realistisch gesetzt

ist, einen persönlichen Wert hat, unter eigener Kontrolle ist und mit dem Grundbedürfnis eines Menschen im Einklang steht. Viele Befragte gaben an, dass sie nicht erreichbare Ziele loslassen und ihren Blick auf neue Möglichkeiten richten. Tun sich Hindernisse bei der Zielerreichung auf, schauen sie, dass sie eine angemessene Strategie wählen, um das Hindernis überwinden zu können. Funktioniert die Strategie nicht, tun viele Menschen mehr desselben, was sie bisher getan haben. Spitzenführungskräfte hingegen haben ganz verschiedene Strategien zur Verfügung, welche sie flexibel einsetzen.

«Gnoti se auton» – «Erkenne dich selbst!» Sinnhaftigkeit der Arbeit

Schließlich möchte ich auf das Orakel von Delphi verweisen, wo es heißt: «Gnoti se auton» – «Erkenne dich selbst». Dies bedeutet nichts anderes als die Aufforderung, nach dem eigenen Wesen bzw. Selbst zu fragen. Was will ich wirklich? Welche Bedürfnisse und Lebensprinzipien habe ich? Für viele Führungskräfte ist diese Erkenntnis wichtig, um Sinn in ihrer Arbeit zu sehen. Macht die Arbeit für sie Sinn, sind sie zu Höchstleistungen in der Lage und können viel Kraft mobilisieren ohne auszupowern.

Fitness in den Alltag integrieren

Spitzenführungskräfte haben wenig Zeit für Sport. Wird Sport getrieben, liegt der Grund meist nicht im besonderen Wunsch nach körperlicher Fitness, sondern im Wunsch, mental abzuschalten. Meist wird Bewegung in den Alltag eingebaut – viel zu Fuß gehen, Treppen steigen und, wenn immer möglich, das Fahrrad benutzen, lautet die Devise. Nur zwei der befragten Personen sind außerordentlich sportlich, darunter befindet sich eine Marathonläuferin. Beide Personen sind weiblich. In meiner Stichprobe habe ich keine männlichen Spitzenführungskräfte gefunden, die Hochleistungssport betreiben.

Kapitel 3

Typendreieck:
Erkennen Sie Ihr persönliches Stress-
Reaktions-Muster

In den vorangegangenen Kapiteln habe ich beschrieben, wie Stress entsteht und welche Strategien zur Burnoutprävention angewendet werden können. Sie werden beim Lesen vielleicht zu dem Schluss gekommen sein, dass die einen Strategien für Sie nützlich sind und andere bei ihnen nicht funktionieren. Und möglicherweise sehen das Ihre Kollegen noch einmal ganz anders. Das ist kein Grund zur Sorge, denn es gibt kein Einheitsrezept zur Vorbeugung von Burnout! Sowohl Stressbewältigung als auch Stressempfinden sind individuell. Nicht alle Menschen reagieren auf denselben Stressfaktor gleich oder empfinden dasselbe als Belohnung. Jeder geht mit Stress etwas anders um. Bei der Befragung der Spitzenführungskräfte ist mir aufgefallen, dass es hauptsächlich drei Gruppen von Menschen gibt, die sich nach ihrer Gewichtung von Stress- und Belohnungsfaktoren bzw. im Hinblick auf ihre Bewältigungsstrategien unterscheiden lassen. Zum Beispiel gibt es Menschen, die zwischenmenschliche Konflikte als besonders belastend ansehen. Dann gibt es solche, die die Einschränkung der eigenen Handlungsfähigkeit als besonders stressend erleben. Daraus ergibt sich, dass auch die Belohnungsfaktoren unterschiedlich gewichtet werden. So werden die einen eine gute Arbeitsatmosphäre und die anderen die Autonomie in der Arbeitsgestaltung als herausragenden Belohnungsfaktor nennen. Womit hängen diese Unterschiede zusammen? Ich habe herausgefunden, dass sich diese Differenzierung mit den persönlichen Lebensprinzipien und Motivationsfaktoren erklären lässt. Bleiben wir beim vorgenannten Beispiel. In der ersten Gruppe werden die Personen eher die «Zugehörigkeit zur Gesellschaft» und in der zweiten Gruppe «viel Neues erleben und tun können» als Lebensprinzip oder Arbeitsmotivation nennen. Die Frage nach dem Lebensprinzip oder nach der Arbeitsmotivation – beide lassen den Schluss auf die individuellen Stress- und Belohnungsfaktoren und die bevorzugten Bewältigungsstrategien zu. Auf diese Weise sind die drei Typenmuster entstanden.

Nach welchen Lebensprinzipien leben Sie?

- *Erkenntnistyp*

Lebensprinzip: Nach Neuem streben und unabhängig sein

Menschen, die dieser Gruppe angehören, geben als Lebensprinzip die eigene Entwicklung und das eigene Vorankommen an. Es geht um das persönliche Wachstum im Sinne von lernen, Interessantes und Neues sehen, erfahren und tun können.

«Für mich ist es das permanente Weiterkommen, nicht karrieremäßig, sondern im Sinne von Wissen und Erfahrung. Wenn ich nicht mehr weiterkomme, dann bedeutet dies für mich Rückschritt.»
(CEO, internationaler Konzern)

Dieses Lebensprinzip auf den Beruf übertragen bedeutet, dass Erkenntnistypen denselben Beruf, wenn möglich, selten über Jahrzehnte ausüben. Sie wechseln regelmäßig nach fünf bis sieben Jahren den Job und haben häufig das Gefühl, es gebe doch noch so viel Spannendes zu tun. Und das Leben ist viel zu kurz! Sie weisen eine geringe Bereitschaft auf, Dinge zu tun, die weder sie selbst noch das Unternehmen weiterbringen. Da Erkenntnistypen selten in finanziell üppigen Verhältnissen leben, sich weniger am sozialen Prestige orientieren und das Einkommen keine so große Rolle spielt, sind sie auch als Spitzenführungskraft persönlich wenig an den momentanen Job gebunden. Stellt sich Routine ein oder wird die Weiterentwicklung beispielsweise durch Machtkämpfe beeinträchtigt, verlassen Menschen dieses Typs das Unternehmen, ohne lange zu überlegen. Auf diese Weise erhalten sie sich in vielen Dingen die persönliche Freiheit, das zu tun, was sie persönlich weiterbringt. Sie sind dabei auch bereit, den entsprechenden Preis für die Freiheit und die Möglichkeit der Weiterentwicklung zu bezahlen. «Ich muss so leben, dass ich immer eine Option habe. Wenn irgendetwas passiert in der Umwelt und wenn es aus irgendwelchen Gründen nicht mehr passt, dann ziehe ich die Konsequenzen und wende mich einer anderen Option zu. Punkt» (CEO, multinationaler Konzern). Das führt dazu, dass die Karrieren dieser Menschen häufig nicht gradlinig verlaufen. Erkenntnistypen planen ihre Karriere kaum, sondern lassen sich von momentanen Optionen leiten.

Arbeitsmotiv: Verantwortung, Pflicht und Leistung

Das Arbeitsmotiv des erkenntnisorientierten Typs lautet «Verantwortungs-, Pflicht- und Leistungsbedürfnis». Erkenntnistypen leben nach Grundsätzen wie: «Was man wirklich will, kann man auch erreichen» und «etwas ganz oder gar nicht machen». Die Leistungsmotivation geht auf die Selbstbewertung der eigenen Tüchtigkeit zurück. Das heißt, Erkenntnistypen haben ihre eigenen Gütemaßstäbe, nach denen sie sich richten und beurteilen. Erfolg stellt sich bei diesem Typ dann ein, wenn er mit der eigenen Leistung zufrieden ist. Misserfolg hingegen bewirkt Unzufriedenheit und Beschämung über das eigene Verhalten.

Stressfaktoren: Einschränkung der Autonomie, des Handlungsspielraums und Zeitdruck

Befragt man den Erkenntnistyp nach den Stressfaktoren, so stehen Einschränkung der Autonomie und des Handlungsspielraums bzw. der Handlungsoptionen, Einschränkung des Gestaltungsraums und Zeitdruck im Vordergrund. Zeitdruck wird deshalb als Stress empfunden, weil dann zu wenig «Zeit besteht, um Luft zu holen und wieder denken zu können» (Exekutivpolitiker). Die Einschränkung des Handlungsspielraums oder der Handlungsoptionen stresst diesen Typ deshalb, weil er an der persönlichen Weiterentwicklung gehindert wird. Daraus ergibt sich, dass ihn Routinearbeiten stark belasten.

Belohnungsfaktoren: Interessante, vielfältige Arbeit mit breitem Produktangebot

Als Belohnungsfaktoren nennen Vertreter dieser Gruppe vorwiegend die interessante, vielfältige Arbeit, aufgrund derer Weiterentwicklungsmöglichkeiten bestehen und interdisziplinär gearbeitet werden kann. Der Gegenstand der Arbeit spielt eine wesentliche Rolle. Er muss interessant und vielfältig sein und nach Möglichkeit erneuert und verändert oder ergänzt werden können. Verdeutlicht wird diese Haltung durch folgende Aussage: «Ich hätte auch Investmentbanker werden können. Ich habe aber das Gefühl gehabt, dass mir das zu eng werden könnte. Das einzig Spannende daran ist der ‚thrill of the kill', ansonsten ist es eine einseitige Welt des ‚buy, sell, high, low'. Es fehlt an Komplexität und Reichhaltigkeit. Heute habe ich zu tun mit

Produkten, die CHF 1.50 kosten, und gleichzeitig holen wir Aufträge für 500 Millionen Dollar herein. Das ist unheimlich spannend und bereichernd, und das nicht im monetären Sinn, sondern an Erfahrungen.»

Dem Einkommen messen die Personen in dieser Gruppe keine wesentliche Bedeutung zu: «Geld ist eine Nebenerscheinung» (CEO, multinationales Unternehmen).

Bevorzugte Bewältigungsstrategien: Loslassen und mentale Abgrenzung

Auf Stress wird mit Aufmerksamkeitslenkung auf andere, angenehmere Dinge reagiert. Personen des Erkenntnistyps vermögen es, im Hier und Jetzt zu leben und sich Eigenzeiten zu verschaffen. Die Fähigkeit zu Loslösung und Neuorientierung scheint eine herausragende Eigenschaft in dieser Gruppe zu sein. Diese Menschen können sich von nicht erreichbaren Zielen gut lösen, einen Jobwechsel rasch vollziehen, und Neuausrichtung bereitet ihnen keine Schwierigkeiten. Ihre mentale Abgrenzungsfähigkeit ist hoch. Die Aufmerksamkeitslenkung zwischen verschiedenen Themen geschieht in der Regel rasch und problemlos.

Die Work-Life-Balance wird von dieser Gruppe meist als nicht nützlich beschrieben, weil das Leben aus ihrer Sicht ein Ganzes darstellt, das im Zeichen der Weiterentwicklung steht. Stehenbleiben bedeutet für diese Menschen Rückschritt. Die Konsequenz daraus ist, dass sie den Job oder auch den Partner wechseln. Dritte beklagen sich manchmal über die Unberechenbarkeit der Personen dieses Typs.

Ein Coaching kommt für erkenntnisorientierte Menschen nur in Frage, wenn sie dabei neue Erfahrungen machen, die neue Erkenntnisse bringen.

In dieser Gruppe befinden sich die Pioniere oder Entwickler. Sie sind an vielen Themen interessiert, breit ausgebildet und können und wollen sich mit der beruflichen Thematik vertieft auseinandersetzen. Sie sind vor allem daran interessiert, ein Unternehmen aufzubauen und Neues zu kreieren oder zu implementieren.

> «Was für mich in der Lebensführung eine Rolle spielt, ist, dass man so viel Welt ins Leben hineinnehmen kann wie möglich. Ich habe die Vorstellung, dass das Leben Partizipation an möglichst vielem ist, was die Welt bereit hält. Das ist meine Selbstbeschreibung.»
>
> *(Rektor, Universität)*

* *Ordnungs- und Strukturtyp*

Lebensprinzip: Streben nach finanzieller Autonomie, Einfluss und Macht

Menschen, die dieser Gruppe angehören, geben als Lebensprinzip an, finanzielle Autonomie, Einfluss und Macht haben zu wollen. Der Verwaltungsratspräsident eines multinationalen Konzerns drückt das so aus: «Was ich immer gewollt habe, ist so gut zu verdienen, dass ich meine Unabhängigkeit etablieren kann. Ich habe den Drang nach materieller Unabhängigkeit.»

Die Machtthematik spielt für diesen Typus eine wesentliche Rolle. Wie definiere ich in diesem Zusammenhang den Begriff «Macht»? Gemäß Michel Foucault setzt Macht ein System der

Differenzierung voraus: Autorität, Führung und Elite sind im weitesten Sinne Kategorien von Macht, Herrschaft oder Ungleichheit. Autoritäten werden von Autoritätsgläubigen anerkannt, Führer von Anhängern, Eliten stehen der Masse von Durchschnittsbürgern gegenüber. Diese Dualitäten braucht es, damit überhaupt von Macht gesprochen werden kann. Es bedarf also vertikaler Prinzipien, nach denen die Menschen ihre Verhältnisse kognitiv strukturieren und die soziale Ordnung festlegen. Zwang und Gewalt werden in der Philosophie vom Begriff der Macht unterschieden. Macht kann es nur geben, wenn gleichzeitig die Freiheit besteht, sich der Machtausübung zu widersetzen. Denn sonst müssten wir von Tyrannei und Zwang sprechen. Macht wird in der heutigen Zeit vor allem auf die Beeinflussung und das Führen von Dritten bezogen. Meist wird sie so verstanden, dass der Machtinhaber einen Untergebenen zu einer Handlung bringen kann, die dieser von sich aus nicht ausgeführt hätte. Macht wird also oftmals negativ verstanden und mit Unterdrückung gleichgesetzt. Mir persönlich ist diese Definition von Macht zu einseitig; sie würde den Menschen, die diesem Typus angehören, zu wenig gerecht. Deshalb verwende ich den etwas weiter gefassten und neutraleren Begriff der «Ordnung und Struktur».

> **Arbeitsmotiv: Regeln vorgeben, eine Gesellschaft organisieren, Recht bekommen, gewinnen**

Das Arbeitsmotiv dieser Gruppe lautet: Regeln geben, Strukturen einführen, eine Gesellschaft organisieren, gewinnen und Recht bekommen. Öffentliche Anerkennung und Prestigepositionen haben eine große Bedeutung. Ordnungs- und Strukturtypen zeichnen sich durch einen außergewöhnlichen Ehrgeiz, Kampfgeist und hohe Disziplin aus. Konkurrenz bedeutet für sie Gefahr und Herausforderung zugleich. Sie setzen alles daran, ihre Konkurrenz zu übertreffen und sich gegen sie durchzusetzen. Solche Menschen trifft man vor allem in einem kompetitiven, wettbewerbsorientierten Umfeld an, denn sie schätzen hierarchische Strukturen, Formalisierung und Autorität.

«Ich habe Freude an der Arbeit, weil ich etwas in Bewegung setzen kann. Das ist so primitiv wie ein Kirschbaum, der blüht. Das kann irgendetwas sein, das ist völlig wurst. Das kann ein Säuglingsheim sein oder die Ciba-Geigy, das spielt keine Rolle. Am Schluss muss es einfach zum Erfolg führen, sodass ich sagen kann, ich war besser als die anderen.»

(Verwaltungsratspräsident, schweizerisches Unternehmen)

Stressfaktoren: Unklare, unkontrollierbare Situationen und Einschränkung des Einflussbereichs

Als Stressfaktoren geben ordnungs- und strukturorientierte Personen das Aushalten von Unklarheiten, unkontrollierbare Situationen, Mangel an Anerkennung durch die Öffentlichkeit oder durch gleichrangige Personen und Einschränkung ihres Einflussbereichs an. Ausdrücklicher Widerspruch von anderen ruft bei ihnen Angst hervor und verleitet sie dazu, ihre gegenteilige Meinung durchzusetzen.

Der CEO eines multinationalen Konzerns antwortet auf die Frage nach den Stressfaktoren wie folgt: «Was sehr, sehr unangenehm ist, ist eine juristische Untersuchung gegen unser Unternehmen. Es wird abgeklärt, ob wir etwas gesetzlich Verbotenes gemacht haben. Ich weiß meistens nicht, was wirklich los ist, und kann nichts dagegen tun. Nur warten und hoffen, dass es nichts Dramatisches ist, wofür ich mich hinterher noch öffentlich entschuldigen müsste.»

Belohnungsfaktoren: Sich durchsetzen können, hohes Einkommen haben, sich finanziell etwas leisten können und wirtschaftliches Unternehmenswachstum

Als Belohnungsfaktoren nennen Vertreter dieser Gruppe vorwiegend sich durchzusetzen, gewinnen, Einfluss, hohes Einkommen, Luxusgüter, finanzielle Unabhängigkeit und wirtschaftliches Wachstum des Unternehmens. Hierzu folgen zwei beispielhafte Aussagen: «Es ist einfach belohnend für mich zu wissen, ich verdiene mehr als mein Kollege da drüben» (CEO, multinationales Unternehmen). «In einer Sache, wo ich geglaubt habe, dass ich mich nicht würde durchsetzen können, und dann klappt es doch, das ist enorm belohnend» (Rektor, Universität).

Bevorzugte Bewältigungsstrategie: Rationalisieren und Einordnen von Emotionen und Gedanken

In Stresssituationen bevorzugen Menschen des Ordnungs- und Strukturtyps die Wiederherstellung ihrer Ordnung. Dies zeigt sich in der Rationalisierung der eigenen Gedanken («über den Dingen, nicht in den Dingen stehen»), in der mentalen und emotionalen Distanzierung von der Stresssituation («Sorgenrucksack vor die Haustüre stellen») und in der Fokuslenkung von Dritten («ich nehme ein weniger erfolgreiches Dossier zurück und stelle ein anderes, erfolgreicheres in den Vordergrund»). Der Arbeitsalltag ist strukturiert, in der Agenda sind auch die privaten Termine blockiert, und die Prioritäten werden klar gesetzt. Den Prioritäten wird alles weniger Wichtige strikt untergeordnet, und auch unliebsame Dinge werden mit hoher Effizienz angepackt und erledigt. Die Trennung von Arbeit und Freizeit wird in dieser Gruppe als nicht unbedingt nützlich angesehen, da aus dem Beruf häufig sehr viel Energie und Befriedigung gezogen wird: «So unerledigte private Situationen sind für mich fast schwieriger. In solchen Situationen gehe ich manchmal ins Büro, da bekomme ich mehr Energie. Aber das kennen Sie ja. Eine nicht ganz unmännliche Reaktion, die habe ich schon von meinem Vater gelernt» (Verwaltungsratspräsident, multinationaler Konzern). Die Stressbewältigung erfolgt durch die Person selbst. Inanspruchnahme fremder Hilfe, Coaching oder Austausch mit anderen Personen kommen weniger in Frage. Die Familie spielt für diesen Typ eine wichtige Rolle im Rahmen der Befriedigung der eigenen Grundbedürfnisse. Sie trägt vor allem zur Strukturierung des (privaten) Lebens bei. Meist trifft man die traditionellen Rollenmuster an, die es den Spitzenführungskräften ermöglichen, sich vor allem auf ihre Karriere zu konzentrieren. Der Verwaltungsratspräsident einer schweizerischen Unternehmung antwortet auf die Frage nach der sozialen Unterstützung als Bewältigungsstrategie Folgendes: «Ich denke, man sollte einfach keine kranke Beziehung haben. Ich habe eine vernünftige Familie, so vernünftig, dass ich sie gar nicht mehr wahrnehme. Ich kann mir nicht vorstellen, eine Gattin zu haben, mit der ich über meine beruflichen Sorgen spreche. Das soziale Umfeld liefert für mich alles, was notwendig ist. Ich bin nicht allein, habe Kinder, und meine Grundbedürfnisse werden befriedigt. Ich habe Teil an einem Wachstum, das mich erfüllt. Um mehr geht es mir dabei nicht.»

Charakteristikum: Macher

In dieser Gruppe befinden sich die Macher und charismatischen Führungspersönlichkeiten. Sie zeichnen sich durch großen Ehrgeiz, Disziplin und rasche Aktionen aus. Sie streben danach, ein Bauwerk zu errichten, um diesem den eigenen Stempel aufdrücken zu können. Auf diese Weise soll der Nachwelt etwas Charakteristisches hinterlassen werden. Solche Menschen bringen Ordnung und Struktur in ein Unternehmen, in ihre Familie, in die Gesellschaft und auch in ihre eigene Gedanken- und emotionale Welt. Für die Untergebenen ist die berufliche Situation meist berechenbar, sie wissen, worauf sie sich einstellen müssen und worauf sie sich verlassen können.

- *Der soziale Typ*

Lebensprinzip: Streben nach sozialem Anschluss, Vertrautheit, Zuwendung und Interaktion

Menschen, die dem sozialen Typ angehören, streben nach Vertrautheit, sozialem Anschluss und Zuwendung. Ihr Lebensprinzip ist es, Teil einer Gruppe und der Gesellschaft nützlich sein zu können. Diese Personen schätzen ein interaktives Klima, konfliktarme Situationen, Vertrauen, unterschiedliche Kulturen, Akzeptanz und Toleranz. Bei der Arbeit bevorzugen sie Projekte oder Produkte, die zusammen mit anderen Mitarbeitern entwickelt werden können. Schließlich muss das Arbeitsergebnis von Nutzen für die Allgemeinheit sein.

Arbeitsmotiv: Der Gesellschaft von Nutzen sein

Das Arbeitsmotiv steht in engem Zusammenhang mit dem Wunsch nach einer guten, vertrauensvollen und angenehmen

Teamatmosphäre. Die Arbeit motiviert dann, wenn das Produkt für die Allgemeinheit von Nutzen ist. Wenn es also «der Gemeinschaft schlechter ginge, wenn diese Arbeit nicht gemacht würde».

Stressfaktoren: Zwischenmenschliche Konflikte, Mangel an Wertschätzung und an zwischenmenschlichen Kontakten

Als Stressfaktoren geben diese Menschen mehrheitlich personelle Konflikte an («mühsame Situationen mit Leuten oder wenn ich mich von jemandem trennen muss, dann ist das der größte Stress»). Mangelnde Wertschätzung oder Anerkennung, fehlender Austausch mit anderen Personen, Misstrauen gegenüber Mitarbeitern und große Verantwortung für viele Leute sind weitere Faktoren, die als belastend empfunden werden.

Belohnungsfaktoren: Angenehme Arbeitsatmosphäre, Vertrauenskultur, Wertschätzung, Mitarbeiterförderung und positives Feedback

Als Belohnungsfaktoren nennen die sozialen Typen vornehmlich angenehme Arbeitsatmosphäre, Vertrauenskultur, Wertschätzung, positives Feedback und das Schaffen von nachhaltigen Werten bei Mitarbeitern (Mitarbeiterförderung, Arbeitsplatzschaffung). Einkommen ist nicht entscheidend in dieser Gruppe. «Ich brauche nicht mehr Lohn, ich habe keinen luxuriösen Lebensstil. Das sagt mir nichts. Mit einem hohen Salär können Sie mich nicht locken. Ich habe genau das, was ich brauche. Für mehr Geld würde ich nicht besser arbeiten oder mich mehr freuen.» (CEO, internationaler Konzern)

Personen des sozialen Typenmusters bewältigen Stress, indem sie weitere Informationen zur Situation suchen, sich emotional und/oder fachlich mit anderen Menschen austauschen und einen Coach aufsuchen. Ihre Mitarbeiter genießen meist hohes Vertrauen, deshalb haben diese viel Mitspracherecht und Sachverständnis und bieten gute Unterstützung in fachlichen Belangen. Die Delegation von Aufgaben ist aus diesem Grund ebenfalls eine bevorzugte Strategie des sozialen Typs. Die Einhaltung einer strikten Work-Life-Balance ist wichtig. Das heißt, auf Trennung von Arbeit und Privatsphäre wird sorgfältig geachtet und die neuen Kommunikationsmittel werden zu bestimmten Zeiten nicht bedient («kein Unternehmen geht unter, wenn man am Ostersonntag nicht ins E-Mail geht»). Das soziale Netz dient vor allem dem kommunikativen und emotionalen Austausch und dem vertrauten Zusammensein. Der soziale Typ legt auf Verbundenheit und Nähe in einer Beziehung großen Wert. Umgekehrt dient die soziale Abgrenzung und physische Distanzierung zu anderen Menschen ebenfalls der Stressbewältigung. In dieser Gruppe habe ich sehr häufig Menschen getroffen, die sich durch eine starke Verbundenheit mit der Natur auszeichnen und die spirituelle Auseinandersetzung als energiespendend erleben.

«Es ist nicht nur die Arbeit, die zählt und alles vergessen macht. Ich kenne Leute, die sagen, dass sie an ihre Familie während der Arbeit überhaupt nicht mehr denken. Das passiert mir nie. Nicht in den stressigsten Situationen. Meine Familie ist mir dann immer noch wichtig und hat Vorrang.»

(CEO, internationaler Konzern)

In dieser Gruppe befinden sich häufig Frauen und Männer aus Bildung und Verwaltung. Nette, aber weiche Kerle? Ich habe darüber eine andere Ansicht. In Führungspositionen kommt es nicht selten auf vertrauensvolle Kontakte zu anderen Personen an. Führungskräfte mit dem Bedürfnis nach sozialem Anschluss können durchaus den gewünschten, guten Führungserfolg erbringen. Solche Menschen wirken integrierend und vertrauensbildend. Gerade in einer schwierigen Konfliktsituation oder einer Krise im Unternehmen erzeugen sie bei den Mitarbeitern Ruhe und Vertrauen. Das wirkt sich positiv auf die Arbeitsmotivation und den Arbeitseinsatz aus.

Zusammenfassung

Während meiner Arbeit als Coach und in Gesprächen mit Führungskräften ist mir klar geworden, dass der Erkenntnis- und der Ordnungs-/Strukturtyp nicht selten verwechselt oder gleichgesetzt werden. Beide streben nach Führung und Verantwortung, wollen eine Sache vorwärtstreiben, scheinen ehrgeizig und wettbewerbsorientiert und sind oft an der Spitze eines Unternehmens anzutreffen. Bei näherem Hinsehen werden jedoch Unterschiede deutlich. So unterscheiden diese Menschen sich im Wesentlichen durch die berufliche Grundmotivation. Der Erkenntnistyp strebt nach neuen Erfahrungen und Erkenntnissen («so viel Welt wie möglich ins Leben hineinnehmen»), während der Ordnungs- und Strukturtyp sich gegen andere durchsetzen und gewinnen will («zu wissen, ich verdiene mehr als mein Kollege und ich bin besser als er»). Beide sind aufgrund unterschiedlicher innerer Antriebskräfte an die Spitze eines Unternehmens gelangt. Dieser

Motivationsunterschied hat denn auch Auswirkungen auf das Verhalten:

Erkenntnisorientierte Menschen sind nicht bereit, um jeden Preis Karriere zu machen. Oft planen diese ihre Karriere gar nicht, sondern lassen sich von den für ihre Weiterentwicklung gerade günstigen Optionen leiten. In der Folge haben erkenntnisorientierte Menschen meist mehrere, unterschiedliche Berufe in ihrem Leben gehabt. Sie verfügen in der Regel über ein breites Wissen und sind stets darauf bedacht, mehrere Handlungsoptionen offen zu haben. Dies gibt ihnen berufliche Unabhängigkeit. Eine rasche Ablösung von beruflichen Zielen ist ihnen eigen, zumal sie in vergleichsweise bescheidenen finanziellen Verhältnissen leben und weniger luxusorientiert sind. Dieser schnelle Wechsel gelingt einem Ordnungs- und Strukturtyp aus Furcht vor Status- und Einkommensverlust weniger. Er wechselt den Job am ehesten aus Karriere- oder aus finanziellen Überlegungen und bleibt dabei meist innerhalb seines ursprünglichen Tätigkeitsfeldes. Daher hat dieser in seinem angestammten Bereich vertiefte Kenntnisse und verfügt über ein großes Beziehungsnetz.

Erkenntnistypen erscheinen zwar ehrgeizig und wettbewerbsorientiert, sie vergleichen sich aber weniger mit anderen, sondern messen sich an einem eigenen Gütemaßstab. Anerkennung und Wertschätzung erfolgen bei Erreichen der eigenen Messlatte durch die Person selbst. Bei Ordnungs- und Strukturtypen muss die Wertschätzung hingegen von außen kommen, damit sie als belohnend empfunden werden kann.

Unliebsame Routinearbeit ist dem Erkenntnistyp ein Greuel, denn sie hindert ihn an der persönlichen Weiterentwicklung. Er ist selten bereit, über längere Zeit Routine zu ertragen, sondern strebt eher einen Karrierewechsel an. Der Ordnungs- und Strukturtyp erledigt hingegen Routine mit der gleichen Effizienz wie alles andere auch, sofern dies der Karriere dient.

Sozial orientierte Personen sind von den anderen beiden Gruppen am einfachsten zu unterscheiden. Ihnen ist das soziale Umfeld am wichtigsten, sie wollen einen Beruf ausüben, der für die Gemeinschaft nützlich ist und in dem sie andere Mitarbeitende weiterbringen und fördern können. Sie sind am wenigsten bereit, ihre Karriere der Familie oder den Freunden unterzuordnen.

Bezüglich der Branchen- und Geschlechterverteilung habe ich in der Kategorie des Erkenntnistyps eine Gleichverteilung der Spitzenführungskräfte angetroffen. In der Kategorie «Ordnung und Struktur» befinden sich vorwiegend Männer aus der Wirtschaft und generell viel weniger Frauen. In der Gruppe mit sozialen Bedürfnissen finden sich vorwiegend Frauen, sowohl aus Wirtschaft wie aus Verwaltung/Bildung, und am wenigsten Männer aus der Wirtschaft.

Exkurs: Typenmuster und Sierpinski-Dreieck

Dieser kurze Exkurs richtet sich an diejenigen Leserinnen und Leser, die sich vertiefter mit der Zuordnung der Typenmuster auseinandersetzen wollen. Mir ist es ein Anliegen, diese drei Muster in ihrer Anwendung bzw. ihrem Vorkommen weiter zu differenzieren. Es soll nicht der Eindruck entstehen, dass ein Mensch nur einer der drei Ecken des Typendreiecks zugeordnet werden kann. Die «reinen» Typenmuster, wie ich sie beschrieben habe, sind vermutlich sehr selten. Meist stehen ein bis zwei Typenmuster stark im Vordergrund, während das dritte eher schwach ausgeprägt ist. Ich bevorzuge dafür in der Darstellung ein Fraktal, in Form des Sierpinski-Dreiecks.

Der Mathematiker und Hochschullehrer Sierpinski hat dieses Modell 1910 für seine Studenten entwickelt. Er erklärt es in etwa wie folgt: Nimmt man aus einem Dreieck die Mitte heraus und aus den drei Restdreiecken wieder die Mitte und wieder und wieder, also unendlich oft, ist es dann noch eine Fläche? Es ist weder Fläche noch Linie, es ist gebrochen bzw. ein Fraktal. Der Umfang aller Dreiecke geht gegen unendlich (∞), und gleichzeitig ist der

Flächeninhalt 0! Ein Fraktal besteht aus gleichen Bausteinen, die bei passender Vergrößerung genau gleich wie die Gesamtform, also das ganze Fraktal, aussehen. Ein Fraktal wird meist in Stufen dargestellt, ab der Stufe drei kann der Betrachter meist schon sehen, wie es weitergeht und wie die nächste Stufe aussieht. Er kann also von einer Stufe auf die nächste und dadurch auf die ganze Form schließen.

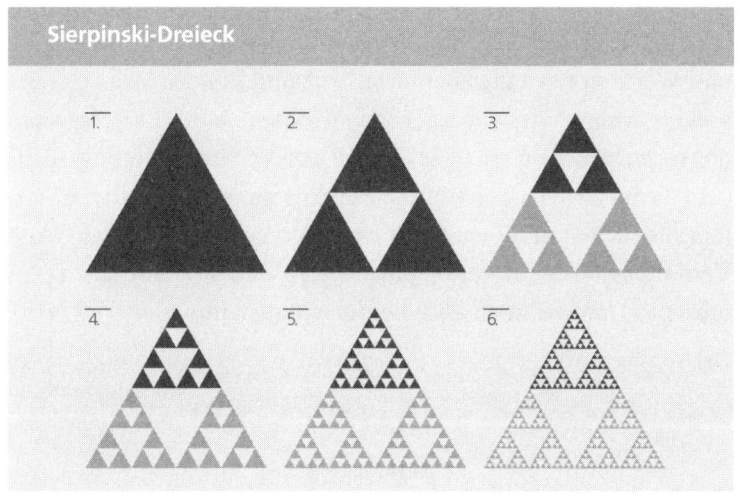

Sierpinski-Dreieck

Ordne ich die Typenmuster in einem Sierpinski-Dreieck an, so wird deutlich, dass nur sehr wenige Personen an einer Spitze des äußersten Dreiecks zu liegen kommen. Die Extremform bzw. der Prototyp eines Musters ist eher selten. Vielmehr hat jede Person grundsätzlich alle drei Typenmuster zur Verfügung. Allerdings ist die Ausprägung unterschiedlich. Je nachdem, wo das kleinere Typendreieck innerhalb des großen Dreiecks liegt, stehen bei dieser Person ein bis zwei Verhaltensmuster im Vordergrund, während mindestens eines weniger zur Verfügung steht. Theoretisch bestünde auch die Möglichkeit, dass eine Person alle drei Muster gleichzeitig und in genau gleichem Maß aufweist. Im Sierpinski-Dreieck angeordnet, würde diese Person das Dreieck in der Mitte repräsentieren. Dieses Vorkommnis erachte ich als noch seltener als das Auftreten der Extremform eines Musters. Hierbei würde es sich um eine Form der Ganzheitlichkeit handeln, die mit Weisheit gleichgesetzt werden könnte. In der Praxis kann dieser Zustand aufgrund bewusster Zuordnung von verschiedenen Typen zu einem Team oder Unternehmen erreicht werden. Ich gehe davon aus, dass Unternehmen oder Teams mit in etwa gleich verteilten Typenmustern erfolgreicher sind als Unternehmen mit einseitiger Verteilung. Im positiven Fall kommen alle Strategien und Werte in etwa gleichem Maß vor und können sich so wertvoll ergänzen. Vorsicht ist jedoch geboten, wenn Extremtypen, die vorwiegend ein einziges Muster zur Verfügung haben, in einem Team aufeinandertreffen. Sie dürften aufgrund der zu unterschiedlichen und weit voneinander entfernten Denk- und Verhaltensmuster zu stark polarisieren und sich auf das Team oder das Unternehmen eher hemmend auswirken.

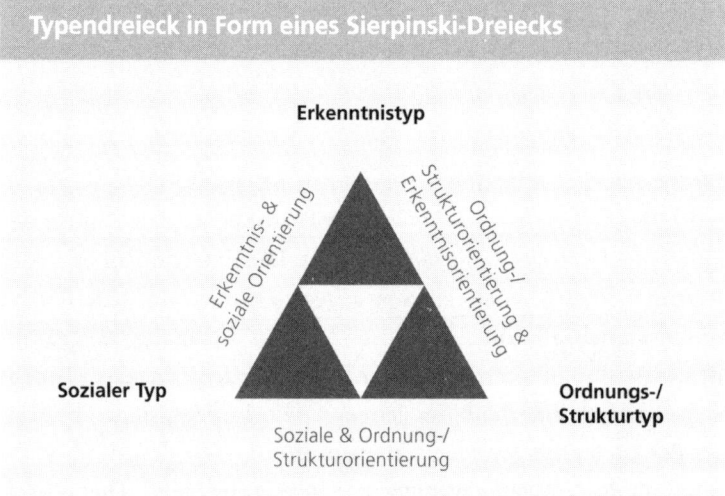

Typendreieck in Form eines Sierpinski-Dreiecks

Erkenntnistyp

Erkenntnis- & Soziale Orientierung

Ordnung-/ Strukturorientierung & Erkenntnisorientierung

Sozialer Typ

Ordnungs-/ Strukturtyp

Soziale & Ordnung-/ Strukturorientierung

Welcher Typ sind Sie?

Bitte jeweils nur eine Antwort ankreuzen. Kreuzen Sie jene Antwort an, die Ihnen spontan am nächsten liegt.

Frage 1

Was macht Ihnen am meisten Freude bei der Arbeit?

1. ☐ Jeden Tag Neues lernen
2. ☐ Zusammenarbeit im Team
3. ☐ Sich durchsetzen, Recht bekommen und Geschehen lenken können

Frage 2

Was stresst Sie am meisten bei der Arbeit?

1. ☐ Einschränkung des Handlungsspielraums im Sinne der Beeinträchtigung der persönlichen Weiterentwicklung
2. ☐ Zwischenmenschliche Konflikte
3. ☐ Unkontrollierbare Situationen

Frage 3

Was ist für Sie am ehesten eine Belohnung bei der Arbeit?

1. ☐ Vielfalt der Arbeit
2. ☐ Anerkennung durch Team, Vorgesetzte, Kunden
3. ☐ Vollständige finanzielle Unabhängigkeit

Frage 4

Welche Strategie bevorzugen Sie für die Bewältigung von Stresssituationen?

1. ☐ Ich lenke meine Aufmerksamkeit auf andere, angenehmere Dinge
2. ☐ Ich tausche mich mit Freunden und/oder der Familie aus
3. ☐ Ich ordne sofort meine Emotionen und Gedanken intellektuell ein

Frage 5

Wie wichtig ist Ihnen das Einkommen?

1. ☐ Mäßig wichtig
2. ☐ Eher wichtig
3. ☐ Sehr wichtig

Frage 6

Haben Sie Ihre Karriere konsequent geplant?

1. ☐ Eher nicht; ich habe keine gradlinige Karriere gemacht
2. ☐ Nein, Karriere ist mir nicht so wichtig
3. ☐ Ja, auf jeden Fall

Frage 7

Welches Lebensprinzip steht Ihnen am nächsten?

1. ☐ Gestalten, entwickeln, Neues kreieren
2. ☐ Vertrauen und Liebe leben
3. ☐ Finanziell umfassende Autonomie anstreben

Frage 8

Wie gehen Sie mit Routinearbeit um?

1. ☐ Wenn ich zu viel davon habe, sehe ich mich nach einer neuen Stelle um
2. ☐ Wenn die Arbeitsatmosphäre stimmt, nehme ich sie in Kauf
3. ☐ Wenn diese Arbeit der Karriere dient, gehört sie dazu und wird wie alles andere auch erledigt

Frage 9

Wo holen Sie sich die Energie für Ihre Arbeit?

1. ☐ Ich beschäftige mich mit interessanten Dingen und lebe das Leben im jetzigen Moment
2. ☐ Im privaten Umfeld. Ich trenne Beruf und Privatleben
3. ☐ Ich suche außerberufliche Herausforderungen, die eine

hohe Konzentration erfordern und mich von beruflichen Themen ablenken

Frage 10

Trennen Sie Arbeit und Freizeit?

1. ☐ Die Aufteilung von Arbeit und Freizeit erachte ich als künstlich. Ich sehe das Leben als ein Ganzes, wo alles ineinander fließt.

2. ☐ Ja, ich versuche so gut es geht, Beruf und Freizeit zu trennen

3. ☐ Nein, mir ist es da, wo ich etwas beeinflussen kann, am wohlsten. Das kann beruflich oder privat sein

Frage 11

Wie gehen Sie mit Zeitdruck um?

1. ☐ Zeitdruck stresst insofern, als dass aus einer Denkebbe heraus gehandelt werden muss. Die Dinge können nicht mehr fundiert studiert werden

2. ☐ Zeitdruck stresst insofern, weil ich keine Zeit mehr für mein soziales Umfeld habe

3. ☐ Zeitdruck verleiht mir Flügel

Frage 12

Was bedeutet es Ihnen, eine Familie zu haben?

1. ☐ Sie gibt mir persönliche Anregungen, und ich mache dadurch immer wieder neue Erfahrungen

2. ☐ Sie unterstützt mich in meinen Vorhaben emotional und praktisch

3. ☐ Sie gibt mir Struktur und bringt Ordnung in mein Privatleben

Frage 13

Wie erleben Sie Konkurrenz bei der Arbeit?

1. ☐ Ich lerne von jedem gerne, der mehr oder anderes weiß als ich
2. ☐ So lange eine gute Zusammenarbeit möglich ist, interessiert mich dieses Thema nicht
3. ☐ Als eine Herausforderung, um dagegen anzutreten und um zu gewinnen

Frage 14

Welcher Satz stimmt für Sie am ehesten?

1. ☐ Ich will so viel Welt wie möglich in mein Leben nehmen
2. ☐ Die Welt geht nicht unter, wenn ich am Ostersonntag nicht ins E-Mail schaue
3. ☐ Choose the battle you want to win

Frage 15

Welcher Satz stimmt für Sie am ehesten?

1. ☐ Das Leben ist zu kurz, um irgendetwas Blödsinniges zu machen oder es nicht richtig zu machen
2. ☐ Ich nehme jeden Menschen unabhängig von seiner Kultur oder Herkunft ernst und schenke ihm mein Vertrauen
3. ☐ Ich will am Schluss meines Lebens eine Art Bauwerk errichtet haben. Es soll etwas Nachhaltiges sein, das meinen Stempel trägt

Frage 16

Würden Sie in bestimmten Situationen einen Coach aufsuchen?

1. ☐ Nur wenn ich dort etwas lernen könnte
2. ☐ Ja, kann ich mir gut vorstellen
3. ☐ Nein, das kann ich mir nicht vorstellen

Frage 17
Welcher Begriff charakterisiert Sie am ehesten?
1. ☐ Pionier (i.S. Neugestalter)
2. ☐ Vertrauter
3. ☐ Macher

Auswertung
Zählen Sie die Kreuze bei 1, 2 und 3 getrennt zusammen. Wievielmal haben Sie die 1, 2 oder 3 angekreuzt? Sie können die Zahl in die untenstehenden Kreise schreiben und sehen, welches Muster sie am häufigsten angekreuzt haben und welches Muster vielleicht deutlich untervertreten ist. Meist gehören die Menschen einem oder zwei Mustern an.

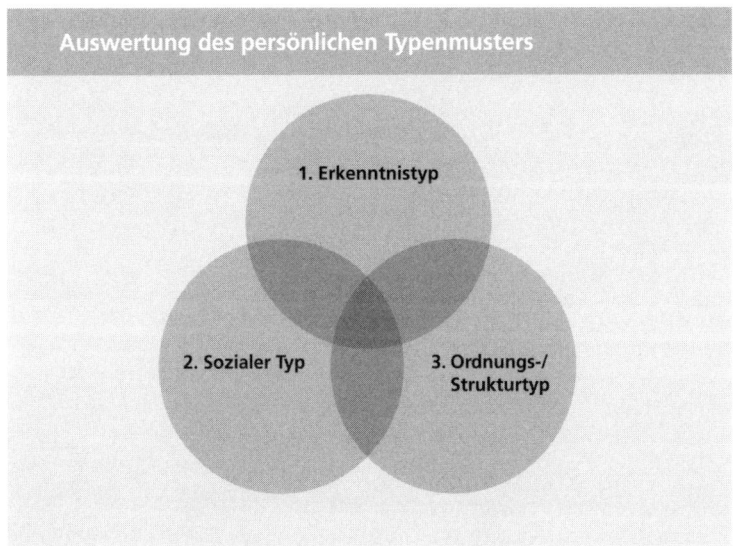

Teil II

Kapitel 4

Ältere Arbeitnehmer: Wie verändern sich die Ressourcen im Laufe des Berufslebens? Sind ältere Arbeitnehmer stressanfälliger?

4.1 Definition «Ressource»

Viele ältere Arbeitnehmer befürchten, dass sie mit zunehmenden Jahren den Forderungen nach immer mehr Leistung, Flexibilität, Mobilität und lebenslangem Lernen nicht gewachsen sind. Diese Angst erzeugt enormen Stress. Deshalb soll in diesem Teil des Buches betrachtet werden, wie sich die Ressourcen im Laufe des Berufslebens verändern. Gleichzeitig soll untersucht werden, inwiefern in dieser Veränderung Chancen und Möglichkeiten liegen, dass auch ältere Arbeitnehmer die Anforderungen, die an sie gestellt werden, ohne Burnout bewältigen können.

Zunächst soll aber der Begriff «Ressource» näher erläutert werden.

Ressourcen sind grundsätzlich alle Mittel, die der Einzelne für die Bewältigung von Lebensaufgaben, für das Erreichen von Zielen oder im Umgang mit Verlusten und Defiziten einsetzen kann. Im Speziellen sind Ressourcen Schutzfaktoren, die einem Menschen zur Verfügung stehen, um Belastungen zu ertragen und die eigene Gesundheit zu erhalten und zu fördern bzw. um nicht krank zu werden. Ich verwende hier diese eingeschränkte Definition. Ressourcen sind alle Mittel, die der Arbeitnehmer zur Verfügung hat, um mit Belastungen bei der Arbeit so umgehen zu können, dass er gesund bleibt. Dabei werden externe Ressourcen, also Mittel, die von außen kommen, und interne Ressourcen, jene, die jeder aus sich selber schöpft, unterschieden. Als externe Ressourcen bezeichne ich beispielsweise soziale Unterstützung, finanzielle Verhältnisse, passendes Arbeitsumfeld und eine sichere Arbeit. Als konkrete Beispiele für interne Ressourcen nenne ich: nützliche Bewältigungsstrategien, Intelligenz, Sozialkompetenz, Selbstbewusstsein, günstige biologische Konstitution und das Verwirklichen-Können der eigenen Sinnprinzipien im Leben.

Wann ist ein Arbeitnehmer ein älterer Arbeitnehmer?

Als ältere Arbeitnehmer werden, gemäß Definition der OECD, Personen in der zweiten Hälfte ihres Berufslebens, die noch nicht das Pensionierungsalter erreicht haben und noch arbeitsfähig sind, bezeichnet. Kurz: Ältere Arbeitnehmer sind alle Arbeitnehmer über 50 Jahre!

Warum spreche ich in diesem Buch überhaupt von dieser speziellen Gruppe von Arbeitnehmern?

Schon in den nächsten ein bis zwei Jahren wird es zu einer deutlichen demographischen Alterung der Erwerbsbevölkerung kommen. Ab 2010 ist in der Schweiz fast jeder 3. Mitarbeiter mindestens 50 Jahre alt, gleichzeitig sinkt der Anteil der unter 30-Jährigen auf 20%. Im Jahr 2010 wird es erstmals mehr ältere als jüngere Mitarbeitende geben. Im Jahr 2050 wird der Anteil der 50- bis 64-Jährigen auf rund 35% angestiegen sein. In der Schweiz arbeiten heute 67% der 55- bis 65-Jährigen. In Deutschland gehen 67% der 55- bis 59-Jährigen einer Erwerbstätigkeit nach. Von den 60- bis 64-Jährigen sind in Deutschland noch 31% der Männer und rund 16% der Frauen erwerbstätig. Über das Pensionierungsalter von 65 Jahren hinaus arbeiten in der

Schweiz noch rund 14% und in Deutschland noch 4%. Viele Großunternehmen und multinationale Konzerne entlassen ihre Mitarbeiter mit 62 Jahren in den Ruhestand. Damit wächst binnen kürzester Zeit die Zahl der Menschen, die in Rente sind, rasch an. Bis 2040 werden nur noch zwei Erwerbstätige auf einen Rentner fallen. Heute sind es 3,5 Erwerbstätige, die einen Rentner finanzieren. In Deutschland kommen heute schon auf 100 Personen im Erwerbsalter 45 Personen im Rentenalter. Das Statistische Bundesamt in Deutschland hat berechnet, dass bis 2030 in Deutschland rund 75 von 100 erwerbstätigen Personen Rentenleistungen beziehen werden.

Betrachten wir die Altersentwicklung, dann wird schnell klar, dass wir uns Frühpensionierungen künftig kaum mehr leisten können. Ältere Arbeitnehmer sind wichtig und müssen vermehrt in den Fokus der Arbeitswelt genommen werden.

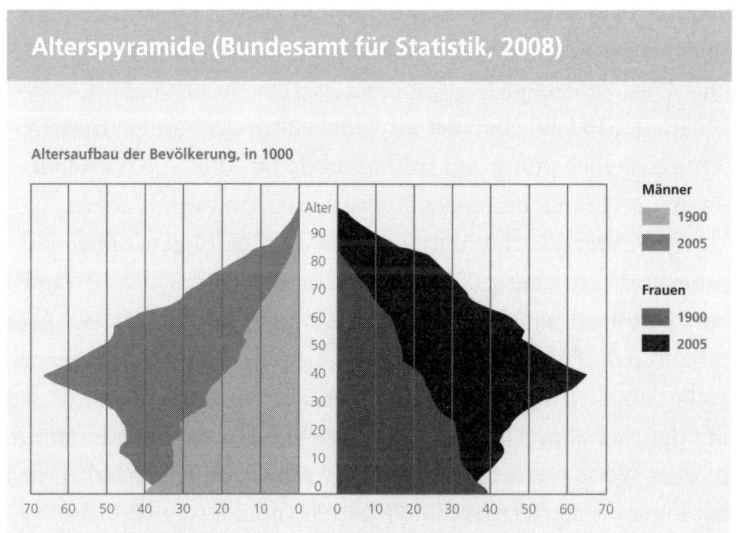

Allein schon aufgrund der demographischen Entwicklung sind wir gehalten, uns mit den älteren Mitarbeitern auseinanderzusetzen. Älterwerden ist mit Veränderung verbunden. Es geht darum, uns bewusst zu werden, dass Anpassungen von Seiten des Unternehmens wie auch des Arbeitnehmers erforderlich sind. Leider haben wir es bei dieser Thematik mit hartnäckigen Altersstereotypen zu tun. So wird immer wieder behauptet, Altern bringe Defizite wie Lernschwierigkeiten, höhere Vergesslichkeit, Dequalifikation, langsameres Arbeiten, langsamere Auffassungsgabe, kritischere Einstellung zur Arbeit und zu Neuerungen, abnehmende Leistungsfähigkeit, sinkenden Output. Ältere Arbeitnehmer seien kränker, ängstlicher, störrischer, mürrischer, unflexibler, sturer, teurer, Besserwisser, Bremser, konservativer, veralteter! Die Liste ließe sich beliebig verlängern.

Wieso aber sind die Schweizer Bundesräte oder deutsche Bundeskanzler(innen) oft über 50 Jahre alt? Bei ihnen gilt diese Defizittheorie offenbar nicht. Offensichtlich gibt es Unterschiede in der Betrachtung des Älterwerdens, und offensichtlich gibt es auch ältere Arbeitnehmer, die nicht der beschriebenen Defizittheorie entsprechen, sondern eher einem anderen, nämlich dem Kompetenz- und Plastizitätsmodell zugeordnet werden können. Das zuletzt genannte Modell beinhaltet die Möglichkeit der Kompetenzerweiterung, -beibehaltung und -verbesserung im Alter – je nach Individuum und dessen bisherigen Kompetenzen und Erfahrungen.

Der Altersdurchschnitt der von mir befragten Spitzenführungskräfte beträgt 50,7 Jahre. Über die Hälfte der befragten Spitzenführungskräfte waren zum Zeitpunkt des Interviews über 50 und damit ältere Arbeitnehmer. Sie selber ordnen sich jedoch nicht dem Defizitmodell, sondern dem Kompetenzmodell zu. Ich befragte sie zum Thema «Altern im Beruf» retrospektiv und in offener Weise wie folgt: «Wie und welche Fähigkeiten haben sich bei Ihnen in den letzten 20, 30 Jahren verändert?» Ich nehme an dieser Stelle bereits das Ergebnis vorweg. Die Befragten sprechen in vielen Kompetenzbereichen von zunehmenden Fähigkeiten. Wie ist dies zu erklären? Forscher können heute mit modernen neurologischen Messinstrumenten belegen, dass sich das Gehirn bei bewusstem Gebrauch neuronal besser und stärker vernetzt. Bei Nichtgebrauch bildet es sich hingegen zurück. Das Gehirn funktioniert also nach dem Motto: «Use it or loose it»! Ein in der Forschungsliteratur berühmt gewordenes Beispiel ist die Untersuchung von Taxifahrern in London: Ein für die Orientierung und räumliche Erinnerung zuständiger Teil des Gehirns ist die rechte Hälfte des Hippocampus. Dieser ist bei den Londoner Taxifahrern signifikant größer als bei normalen Versuchspersonen. Je nach Anforderung an unsere Ortskenntnisse wächst bzw. schrumpft der Teil des Gehirns, der diese Kenntnisse speichert und verarbeitet. Aufgrund dieser Erkenntnisse ist es meiner Ansicht nach gut nachvollziehbar, dass die Teilnehmer meiner Studie in vielen Bereichen steigende Fähigkeiten bei sich feststellen. Schließlich sind die Anforderungen in ihren Berufen komplex und vielfältig und beanspruchen das Gehirn in verschiedenen Bereichen so stark, dass über die Zeit insgesamt eine breite neuronale Vernetzung stattgefunden haben dürfte.

4.2 Zunehmende Ressourcen im Alter

Welche Ressourcen verändern sich wie im Alter?

Selbstwert

«Die Selbstsicherheit ist gegenüber früher enorm gestiegen. Ich habe so ein Grundvertrauen, dass schwierige Situationen schon nicht so saublöd arrangiert sind, wie man in den schlimmsten Träumen manchmal annimmt. Diese Selbstsicherheit hat mit einer Ruhe zu tun. Ich habe ein ganz anderes Fundament gegenüber früher. Es mag widersprüchlich klingen, aber ich verspüre so eine Antriebsruhe.»

(Verwaltungsratspräsident [60+], multinationaler Konzern)

Der steigende Selbstwert im Alter hat meist damit zu tun, dass wir mehr Vertrauen zu uns selber haben als in früheren Jahren. Wir wissen, was wir können und dass wir fähig sind, schwierige Situationen zu bewältigen. Das gibt emotionale Stabilität. Ältere Arbeitnehmer bleiben in Krisensituationen oft ruhiger und gelassener als früher. Dies wiederum wirkt sich auf das soziale Umfeld aus, was als Steigerung der Sozialkompetenz wahrgenommen wird. Ich meine, dass diese drei Faktoren – Sozialkompetenz, Selbstwert, emotionale Stabilität – viel mehr mit der Lebenserfahrung als mit dem Alter an sich zu tun haben. Natürlich steigt im Alter die Lebenserfahrung, jedoch führt nicht jeder ein so anspruchsvolles Leben wie eine Spitzenführungskraft. Es gibt große Unterschiede in den jeweiligen Lebenskonzepten. Wer in seinem Leben stets dieselbe Arbeit verrichtet hat, seit der Kindheit am gleichen Ort wohnt und nicht viel reist, hat einen anderen Erfahrungshorizont als jener, der unterschiedliche Jobs im In- und Ausland gehabt hat. Das Ausmaß an vielfältigen Erfahrungen dürfte variieren. Ein CEO (45+) eines internationalen Konzerns beschreibt diese Thematik wie folgt: «Da kommt mir auch die Erfahrung in Krisensituationen entgegen. Ich habe schon so viele Schlachten geschlagen, die mir gewisse Narben im Gewebe hinterlassen haben. Es bringt mich also nicht vieles mehr so schnell auf hundert. Ich kann mir in vielen ganz schwierigen Situationen sagen, das habe ich schon gesehen, das ist nicht so schlimm!»

Emotionale Kompetenz

«Als ich zwanzig war, da ist mir noch alles furchtbar wichtig gewesen. Heute aber, wenn mich jemand angreift, überlege ich mir, ist das jetzt wichtig oder nicht? Ist es für mich eine unwichtige Sache, dann schalte ich auf Göschenen-Airolo-Stimmung: vorne in den Tunnel rein und hinten wieder raus (lacht).»

(Rektorin [45+], Hochschule)

Die größere Gelassenheit älterer Arbeitnehmer kann in der Praxis auch als Ausgebrannt-Sein interpretiert werden. Jüngere stören sich daran, dass die Älteren sich nicht mehr so leicht aus der Ruhe bringen lassen. Häufig erwarten sie Umtriebigkeit und Hektik in belastenden Situationen. Bleiben diese aus, so wird vermutet, dass der Ältere die Situation nicht genügend ernst nimmt oder gar bereits an einem Burnout leidet. Denn die Gelassenheit in schwierigen Situationen kann als emotionale Erschöpfung und Antriebshemmung ausgelegt werden. Da diese Vorurteile älteren Arbeitnehmern nicht gerecht werden, erachte ich es als Aufgabe der Führungskräfte, darauf zu achten, dass sie ein zurückhaltendes Verhalten auch in Krisensituationen richtig interpretieren. Zu dieser Thematik passt auch, dass ältere Arbeitnehmer oft weniger negative Emotionen zeigen als jüngere Kollegen. So habe ich zum Beispiel in einer meiner Studien im Finanzdienstleistungsbereich bei älteren Arbeitnehmern signifikant tiefere Werte in Feindseligkeit, Gereiztheit, Aggressivität und Verwirrtheit in Stresssituationen als bei den jüngeren gefunden. Ältere Arbeitnehmer waren deutlich verträglicher und gewissenhafter als die jüngeren. Die pauschale Behauptung, im Alter komme es zu einer zunehmenden Desillusionierung, sollte als Vorurteil erkannt und unbedingt korrigiert werden.

Sozialkompetenz

«Ich spüre beim Älterwerden, dass die Wahrscheinlichkeit, dass meine Frau recht hat, sehr groß ist. Sie merken also, dass ich den Eindruck habe, dass ich für die Umwelt erträglicher geworden bin. Das gilt auch für den Beruf. Ich will glaubhaft den Willen zeigen, dass ich eine Situation auch von einer anderen Seite her betrachten kann und aus beiden gegensätzlichen Positionen heraus zu einer vertretbaren dritten kommen kann, die alle möglichst befriedigt.»
(Verwaltungsratspräsident [60 +], multinationaler Konzern)

Die befragten Personen attestieren sich selbst im Alter eine steigende Sozialkompetenz. Diese wird mit den spezifischen Erfahrungen in diesem Bereich begründet. Je mehr die älteren Arbeitnehmer mit verschiedenen Kulturen zu tun gehabt haben, desto mehr sind sie auf dieser Ebene gefordert worden. Sie haben sich mehr soziale Kompetenzen aneignen können und müssen. Leistungssteigerungen im sozialen Kontext sind durch Einsichten, Lehrgänge und viel Übung möglich, wie dies ein Verwaltungsratspräsident (65+) eines schweizerischen Unternehmens darlegt: «Bei mir war zu Beginn meines Berufslebens soziale Inkompetenz eine spezielle Pathologie. Ich habe einfach alle vor den Kopf gestoßen und bin mit Sicherheit eine unerfreuliche Erscheinung gewesen. Auf meinen Grabstein muss man ‹Sorry› schreiben. Dann habe ich gelernt, dass ich meine Mitarbeiter nicht mit der Peitsche schlagen muss, sondern sie ganz einfach auf ihr Verbesserungspotenzial hinweisen kann. Dann habe ich begonnen, sie gerne zu haben.»

Soziales Netz

Für mich war es interessant zu erfahren, wie sich das soziale Netz der Befragten im Verlauf eines Lebens verändert. Viele und insbesondere die jüngeren Interviewpartner zwischen 35 und 45 Jahren sagten aus, dass sie über 60 Stunden pro Woche arbeiten. Sie seien froh, wenn sie abends von den Kindern gerade noch die Nasenspitze sehen, bevor diese ins Bett gehen. Morgens seien sie die Ersten, die aus dem Haus müssten. An den Wochenenden könnten sie sich vielleicht ein bis zwei Stunden reservieren, um mit der Familie etwas zu unternehmen. Dabei seien sie froh, wenn sich der Blackberry ruhig verhalte. Freundschaften? Die kommen zu kurz oder sind beruflicher Natur. Am Freitagabend gehen sie mal kurz auf einen Drink mit Geschäftskollegen, dann aber wartet die Familie. Vielleicht organisiert der Ehepartner (meist die Ehefrau) einmal ein Abendessen mit alten Bekannten, aber eigentlich ist man dafür schon zu müde. Selten gibt es Personen, die aussagen, dass sie enge Freunde aus der Studienzeit haben, mit denen sie intensiven Kontakt pflegen. Wenn es einen engen Freund aus der Schul- oder Studienzeit gibt, dann reicht es höchstens mal zu einem Telefonat abends nach zehn Uhr. Die jüngeren Arbeitnehmer orientieren sich eher vorwärtsgerichtet, suchen sich ihre Bekanntschaften meist im Beruf und nach möglichen beruflichen Perspektiven aus. Viele berichten, dass sie erst ausprobieren müssten, welche Personen zu ihnen passen würden. Ich habe auch festgestellt, dass sich die Befragten oft gar nicht bewusst für ein soziales Netz entschieden haben. Der Freundeskreis wechselt im jüngeren Alter relativ rasch. Auch die Unterscheidung nach Intensität und Vertrautheit der Beziehung findet kaum statt. Für die jüngeren Befragten war es schwierig, innerste, vertraute Zirkel von äußeren, loseren Verbindungen zu unterscheiden. Meist rechneten sie alle Familienangehörigen automatisch zum engsten Kreis. Doch normalerweise haben die Menschen nicht mit all ihren Geschwistern, Kindern, verschwägerten Personen genau dasselbe enge Verhältnis.

«Ich bin selektiver geworden. Da sind nicht mehr zwanzig Leute, die ich sehen will. Ich habe meine Bekannten aussortiert und sehe nur noch die, die mir extrem wichtig sind. Wenn ich eine Liste für ein Fest mache, dann habe ich nicht mehr fünfzig Namen daraufstehen, sondern vielleicht noch zwanzig.»

(CEO [40+], multinationales Unternehmen)

Gilt ein großer Freundeskreis als Statussymbol? Ja, bei einigen Befragten war das tatsächlich der Fall. «Ich habe das Gefühl gehabt, dass ich jemand sei, wenn ich viele Freunde habe. Heute weiß ich, dass ich nicht schlechter als die anderen bin, nur weil ich lediglich eine ganz kleine Liste von Freunden vorzuweisen habe. Das hat sich verändert. Heute sind die Beziehungen intensiver, ehrlicher und echter. Früher hingegen sind sie eher oberflächlich gewesen» (Verwaltungsratspräsident (50+), internationaler Konzern).

Die Befragung zeigte mir, dass sich mit gut vierzig ein innerster, vertrauter Freundeskreis von rund acht Personen herausbildet. Die Beziehungen verändern sich in der Emotionalität. Während die meisten Menschen im Alter zwischen 30 und 40 weniger auf Intensität und Echtheit der Beziehung Wert legen, wächst dieser Anspruch ab etwa dem vierzigsten Altersjahr. Zeitdruck und -mangel, Verlagerung und Konzentration der Interessen in der Eigen- und Freizeit bewirken, dass sich das soziale Netz reduziert. Einige haben eine eigene Familie gegründet, die Prioritäten in der Freizeitgestaltung ändern sich. Die zunehmende Erkenntnis, wer man ist, was man kann und was man will, führt auch zu einem tieferen Verständnis des Gegenübers. Für oberflächliche Beziehungen fehlen schlicht Zeit, Motivation und Interesse. Menschen im mittleren Lebensalter, ab 40 Jahren, scheinen sich der eigenen Gestaltungsmöglichkeit und des eigenen Gestaltungswillens von Beziehungen zu diesem Lebenszeitpunkt bewusst zu werden. Das Bedürfnis nach einem stabileren, vertrauten inneren Freundeskreis, «wo man keinem etwas vormachen muss», entsteht.

Wofür ist der innerste, vertraute Freundeskreis gut? Ein verlässliches soziales Netz ist eine Ressource, um Stress und schwierige Situationen zu bewältigen. Gute, enge Freunde können uns Energie geben, Mut machen, uns beraten und praktisch helfen. Das gesamte soziale Netz bzw. der soziale Konvoi eines Menschen wird in der Literatur (Antonucci, 2004) in drei verschiedene Kreise oder Sektoren aufgeteilt. Diese Kreise unterscheiden sich nach der Wahrscheinlichkeit, mit der die Lebensbegleiter bzw. der soziale Konvoi von der Hauptperson im Lauf der Zeit ausgetauscht werden. Die Austauschwahrscheinlichkeit hängt von der Rollengebundenheit der Lebensbegleiter ab. Jene im dritten oder äußersten Sektor sind meist stark an die jeweilige Rolle der Hauptperson als Arbeitnehmer, Vereinsmitglied oder Hausbesitzer gebunden. Bei solchen Konvoimitgliedern kann es sich also um Bekannte aus Vereinen, um Mitarbeiter und Kollegen am Arbeitsplatz oder um Nachbarn handeln. Im zweiten Sektor sind die Lebensbegleiter schon etwas weniger rollengebunden. Es sind Freunde, die man vielleicht in Vereinen oder im Beruf kennen gelernt hat, mit denen man sich aber auch privat trifft. Zum innersten Sektor gehören die engsten, vertrauten Freunde und Familienangehörige. Hier sind sowohl Rollengebundenheit wie Austauschbarkeit am niedrigsten. Die emotionale Bindung zu diesen Lebensbegleitern ist hier am größten.

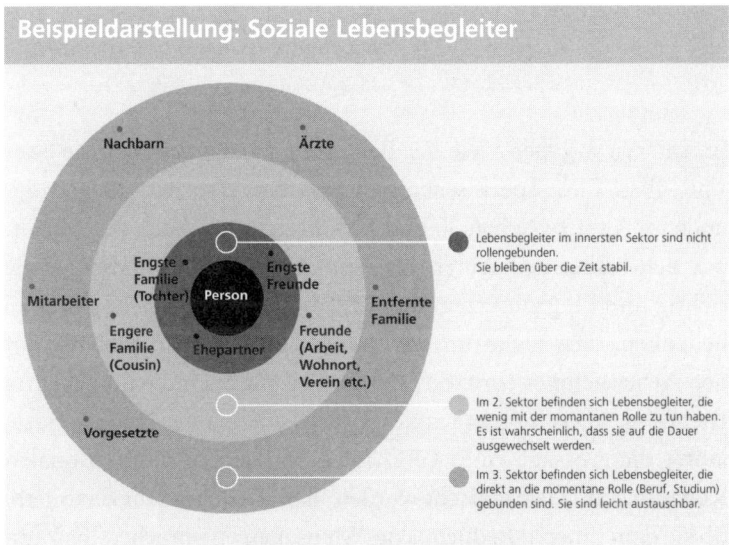

Dieser innerste Kreis stellt auch die größte Ressource eines Menschen insbesondere bei der Bewältigung von schwierigen Lebensaufgaben dar. Meist besteht dieser Kreis aus vier bis acht Personen, wobei die Anzahl über das ganze Leben recht stabil bleibt.

Die Selektion und die Bildung eines innersten Sektors finden in dieser Studie mit rund 40 Jahren, also bei Eintritt ins mittlere Lebensalter, statt (vgl. dazu Carstensen et al., 1999). Zu diesem Zeitpunkt wird also eine ganz wichtige Ressource aufgebaut. Bei Menschen über 50 Jahren hat sich dann das soziale Netz, insbesondere der innerste Sektor, ausgeformt, stabilisiert und gefestigt. Viele ältere Arbeitnehmer haben damit den jüngeren möglicherweise diese wichtige Ressource voraus.

Zielsetzung

> «Ich plane mein Leben besser, ich plane im Voraus und sage, okay, in einem Jahr, da habe ich Ferien, und dann blockiere ich diese Zeit in meiner Agenda.»
>
> *(CEO, multinationales Unternehmen)*

Im Interview gaben viele der Befragten an, dass sie, seit sie älter sind, ihre Ziele spezifischer und messbarer setzen, als sie dies noch im Alter zwischen 30 und 40 Jahren taten. Auch dies scheint mit den bisher gemachten Erfahrungen zu tun zu haben. Ziele richtig und klug zu setzen, muss gelernt sein. Vor allem gilt es zu bedenken, dass nicht nur das System, in dem man arbeitet, auf den Arbeitnehmer einwirkt, sondern es gilt auch die umgekehrte Richtung. «Das System reagiert oft so, wie man es erzogen hat», lautet die Aussage eines CEO (55+) aus einem internationalen Konzern. Ob Ziele erreicht werden, hängt zudem sehr davon ab, ob sie dem inneren Bedürfnis des Menschen entsprechen. Es kann jedoch Jahre dauern, bis man sich selbst und seine inneren Antriebsmotoren kennt. Nicht selten sind sich die älteren Arbeitnehmer eher darüber im Klaren, was sie wirklich erreichen und welche Ziele sie weiterverfolgen wollen, als die jüngeren.

Abgrenzung

> «Heute kann ich auch mal eine Sache liegen lassen. Ich sage mir, na gut, jetzt lass ich das mal so laufen und es kommt, wie es eben kommt. Ich greife nicht ein oder verändere etwas. Diese Möglichkeiten habe ich heute und kann auch besser einschätzen, wo sich das Handeln lohnt und wo nicht.»
>
> *(Exekutivpolitiker, 55+)*

Kluge und gute Abgrenzung von beruflichen Themen spart Energie und Zeit. Zeit, die dann als Eigen- oder Auszeit genommen werden kann. Der Bedarf an Eigen- und Auszeit scheint mit dem Älterwerden zuzunehmen. «Ich meine, mein Bedürfnis nach Eigenzeit ist gewachsen. Ich habe begonnen, mir das richtig anzutrainieren. Es braucht nicht viele Tricks dafür, sondern ein bisschen Organisation und Disziplin» (Verwaltungsratspräsident [55+]), multinationaler Konzern). Irgendwann im Leben wird meist bewusst eine klare Abgrenzung vom Beruflichen angestrebt. Als Begründung wurde in meiner Befragung häufig angeführt, dass der Leistungsoutput immer noch derselbe sei und dass es deshalb den zeitlichen Einsatz, den man früher erbringen musste, gar nicht mehr brauche. Der CEO (45+) eines multinationalen Konzerns meint dazu: «Im Nachhinein muss ich sagen, damals habe ich zu viel Zeit in die Arbeit investiert. Nicht, dass ich meine Familie geschädigt hätte, aber ein paar Stunden mehr pro Woche hätte ich auf jeden Fall zu Hause verbringen können. Ich hätte mir mehr Zeit nehmen können, indem ich öfters einfach mal Nein gesagt hätte. Aber wer sagt schon Nein? Irgendwann ist mir das bewusst geworden, und ich gehe heute ganz anders mit der Freizeit um.»

Abgrenzung ist lernbar! Es braucht einen bewussten Entscheid dafür und die Erfahrung, dass der Leistungsoutput dadurch nicht abnimmt. Auch ein höheres Selbstwertgefühl führt dazu, dass sich der Arbeitnehmer sagen kann, «ich kann mir mehr Auszeit leisten». Sich abgrenzen und Eigenzeit nehmen – beides ist lernbar und führt dazu, dass neue Energieressourcen frei werden.

4.3 Entwicklung spezifischer Leistungsfähigkeit im Alter

«Im Alter nimmt die gesamte Leistungsfähigkeit ab.» Diese Aussage ist in vielerlei Hinsicht ein Altersstereotyp und so undifferenziert sicher nicht richtig. Zum einen besitzt die Leistungsfähigkeit verschiedene Dimensionen (multidimensional). So sind zum Beispiel Intelligenz, Aufnahme-, Lern-, Organisations- und Reaktionsfähigkeit verschiedene Bereiche, in denen das Gehirn Leistung erbringen muss. Zum anderen kann sich die Leistungsfähigkeit in den verschiedenen Dimensionen in verschiedene Richtungen entwickeln (multidirektional). Einige Bereiche nehmen zu, andere ab, und wieder andere bleiben stabil. Das ist die eine Realität. Die andere ist, dass Menschen sehr unterschiedlich altern. Ich gehe bei meinen Betrachtungen von durchschnittlich gesunden Menschen aus. Wer täglich sein Gehirn bewusst einsetzt, bei der Arbeit, beim Lernen, Sport oder Musizieren, bei dem wird die diesbezügliche Leistungsfähigkeit im Normalfall beständig bleiben oder noch zunehmen. Wichtig ist, dass das Gehirn regelmäßig bewusst durch komplexere Aufgaben und Tätigkeiten gefordert wird. Denn mit jedem Lerndurchgang bilden sich im Gehirn neuronale Verästelungen (Dendriten), die den Stoffwechsel und den Sauerstoffaustausch im Gehirn fördern: Ein neuronales Netz bildet sich aus. Routine und Nichtstun bewirken hingegen, dass sich das neuronale Netz im Gehirn zurückbildet und die Flexibilität im Denken und die Leistungsfähigkeit in den nicht gebrauchten Bereichen abnehmen. Ein erneuter Aufbau braucht dann zwar sehr viel Energie, Zeit und Motivation, ist jedoch in jedem Alter trotzdem möglich. Das Gehirn funktioniert nach dem bereits erwähnten Prinzip: «Use it or loose it!» Wer viel im Leben erfahren und gelernt hat, dem wird Neues zu lernen leichter fallen, da die neuronalen Netze bereits angelegt sind und sich nicht erst zu bilden brauchen. Diesen Prozess im Gehirn nennen wir Plastizität. Ein gesunder älterer Arbeitnehmer mit vielfältigen Arbeitsaufgaben in höheren Funktionen hat normalerweise bis zu seinem 65. Lebensjahr keinen Leistungsabbau zu befürchten. Nach der Pensionierung kommt es dann vor allem auf die Eigeninitiative an. Die Spitzenführungskräfte in meiner Untersuchung haben eher von einer steigenden Leistungsfähigkeit berichtet. Diese Aussage erstaunt wenig, weil solche Menschen ihr Gehirn bis ins höhere Erwerbstätigenalter täglich mit vielfältigen, komplexen Arbeiten fordern.

Lernfähigkeit und Intelligenz

«Wenn ich heute einen IQ-Test machen müsste, dann glaube ich nicht, dass ich weniger intelligent bin als noch vor 20 Jahren. Ich wäre wohl einfach nicht mehr so schnell wie früher, was sich auf das Resultat auswirken könnte. Die Leistungsfähigkeit im intellektuellen Bereich hat sich aber nicht verschlechtert, sondern verändert. Vieles mache ich heute mit Weisheit, sprich Erfahrung, und weniger analytisch. Ich muss nicht mehr alles konzeptionell durchackern.»

(CEO [50+], multinationaler Konzern)

Die Lernfähigkeit weist im Alter eine flachere Kurve auf (Martin & Kliegel, 2005). Ältere Personen brauchen vielleicht etwas mehr Zeit, um etwas zu lernen, sie können jedoch dieselbe Lernmenge bewältigen wie junge Menschen. Jung und Alt unterscheiden sich insbesondere durch unterschiedliche Lernstrategien und Lernmotivationen. Jüngere Personen sind viel mehr bereit, theoretische

Dinge ohne Praxisbezug zu lernen. Ältere hingegen sind dazu kaum noch motiviert. Sie wollen Dinge lernen, die unmittelbar für ihre Arbeit von Nutzen sind und/oder im täglichen Leben angewendet werden können. Werden ältere Mitarbeiter mit theoretischem Lernmaterial ohne nennenswerten Praxisbezug konfrontiert, wird aufgrund der niedrigen Lernbereitschaft deren Leistung schlechter als die des jüngeren Mitarbeiters ausfallen. Neben der unterschiedlichen Lernbereitschaft, den unterschiedlichen Lernstrategien und der Einstellung zum Lernen bzw. zum Lernmaterial gibt es häufig auch Unterschiede in der verwendeten Sprache und Denkweise zwischen Jung und Alt. Ältere Mitarbeiter sind in einer ganz anderen Jahrgangskohorte als die jüngeren Kollegen aufgewachsen. Sie haben andere Vorbilder im Leben gehabt und bringen ein anderes Weltbild als die Jüngeren mit. Die Kohorte der Babyboomer (1945 bis 1965) beispielsweise wird meist als karriereorientiert, aufstrebend, ehrgeizig, aktiv und weltgestaltend charakterisiert. Diese Menschen haben eher einen kollegialen Führungsstil, neigen aber etwas dazu, die Dinge zu zerreden. Die Vorgänger dieser Kohorte waren die Veteranen (vor 1945 geboren). Sie zeichnen sich durch hohes Pflichtbewusstsein, hohe Disziplin, Loyalität, Verlässlichkeit und Autoritätsbewusstsein aus. Sie führten straff, jedoch nicht sehr flexibel. Die den Babyboomern nachfolgende Generation ist die Generation X (1966 bis 1980). Diese Peergroup wird als individualistisch, skeptisch, unabhängig beschrieben und hat einen starken Drang nach Freiheit. Der Führungsstil dieser Generation ist gradlinig und zum Teil wenig diplomatisch. Die Jahrgangskohorte nach 1980 wird Nexters genannt. Menschen, die dieser Generation angehören, sind vom Konsum verwöhnt, selbstbewusst, optimistisch, multitasking-fähig, digital sozialisiert, offen für Veränderungen und technologieorientiert. Bei ihnen wird oft eine fehlende Eigeninitiative festgestellt, und Unzufriedenheit wird rasch geäußert. Wir begegnen in Aus- und Weiterbildungsprogrammen also nicht nur

Menschen verschiedenen Alters, sondern auch Menschen mit unterschiedlichem persönlichen Erfahrungshintergrund und unterschiedlicher zeitgeschichtlicher Prägung. So erstaunt es kaum, dass die Generation der Nexters ganz andere Bedürfnisse und Lernstrategien entwickelt hat als die Generation der Babyboomer. Erstere werden digital lernen wollen, sie pflegen eine raschere und kürzere Sprache und werden ihren Unmut über ein langsameres Unterrichtstempo rasch an den Tag legen. Vermutlich werden sie deshalb von den Babyboomern als ungeduldig und bedrohlich wahrgenommen. Aufgrund dieser Erkenntnis bin ich zu dem Schluss gelangt, dass die Altersgruppen in Aus- und Weiterbildung getrennt werden sollten. Nur so kann ein bedürfnisgerechter Unterricht mit angemessenem Lernmaterial stattfinden. Auf diese Weise können die Lernleistungen der Teilnehmer am ehesten optimiert werden. Bedrohung, Angst und Verständigungsschwierigkeiten fallen weitgehend weg.

In den Interviews, die ich führte, berichten die Befragten von einer Zunahme der kognitiven Leistungsfähigkeit im Alter. Diese Aussage erstaunt mich nicht. Denn das Faktenwissen (kristalline Intelligenz) kann im Alter zunehmen, sofern eine diesbezügliche ständige Lernleistung erfolgt ist. Denn obwohl das viele Leser erstaunen mag, die Vergessenskurve ist im Alter nicht per se abnehmend, sondern bei Jung und Alt in etwa gleich. Die in der psychologischen Forschung immer wieder belegte Verlangsamung der Reaktionszeit und der Abbau der Verarbeitungsgeschwindigkeit bzw. Lerngeschwindigkeit im Alter können durch Erfahrung, effizientere Lern-, optimierte Organisationsstrategien und durch eine hohe Lernmotivation kompensiert oder sogar überkompensiert werden. Vermutlich ist dies bei den Befragten der Fall.

«Ich bin im intellektuellen Arbeiten sehr viel schneller geworden.»
(Verwaltungsratspräsident [55+], multinationaler Konzern)

Körperkraft

Körperkraft ist die Leistungsfähigkeit, die im Alter abzunehmen scheint.

«Es gibt schon körperliche Phänomene, die man spürt. Zum Beispiel sind Überseeflüge anstrengender, und man wird weniger leicht mit dem Jetlag fertig. Das merke ich deutlich. Dann ist auch die Alkohol- und Festresistenz abnehmend. Dies verdient natürlich kein Kompliment.»

(Verwaltungsratspräsident [60+], multinationaler Konzern)

Aber auch für die körperliche Belastbarkeit gilt: Altern erfolgt individuell. Auch hier lassen sich keine allgemeinen Regeln ableiten. Generell wird auf die abnehmende Körperkraft verwiesen. Es ist tatsächlich so, dass im allgemeinen bereits ab dem 45. Lebensjahr der Sauerstoffverbrauch linear abnimmt. Bei ungenügender täglicher Bewegung hat der maximale Sauerstoffverbrauch bis zu dieser Altersgrenze um 25% abgenommen. Dies wiederum geht mit einer Abnahme der Konzentrationsfähigkeit einher. Auch eine sinkende Leistungsfähigkeit des Stütz- und Bewegungsapparates können nach Erreichen des 45. bis 50. Lebensjahres negative gesundheitliche Auswirkungen haben. Dieser Abbau hängt zwar mit dem Alter zusammen, kann aber durch körperliche Trainings, veränderte Ernährungs- und gesunde Lebensgewohnheiten insgesamt stark verlangsamt werden. Viele High-Performance-Berater empfehlen deshalb, dass jeder Arbeitnehmer nach 90 bis 120 Minuten Arbeit eine Pause einlegen sollte. Auch die Haltung – vom Sitzen zum Stehen, Gehen oder Liegen –, sollte regelmäßig verändert werden, um den Stütz- und Bewegungsapparat zu entlasten. Zudem empfehlen Gesundheitsberater, sich täglich mindestens 30 Minuten zu bewegen und ein- bis zweimal pro Woche ein Herz-Kreislauf-Training zu absolvieren. Die Konzentration kann zudem verbessern, wer fünf bis sechs kleine Mahlzeiten am Tag zu sich nimmt, anstatt drei große Mahlzeiten. Weiter gibt es sinnvolle Entspannungstrainings für den Geist: Progressive Muskelentspannung nach Edmund Jacobsen, Stopping nach David Kundtz, Autogenes Training, Achtsamkeitsübungen und Yoga, um nur einige Bespiele zu nennen. Ist der Geist entspannt, so kann auch der Körper seine nötige Ruhe finden. Menschen, die ihren Körper fit halten, ihn gesund ernähren, Sport bzw. Krafttraining betreiben und ihren Geist zu entspannen wissen, werden ihre körperliche Leistungsfähigkeit vermutlich sehr lange erhalten können.

Krankheiten und Fehlzeiten

Ein weit verbreitetes Altersstereotyp ist die Annahme, dass ältere Arbeitnehmer häufiger fehlen und kränker seien als die jüngeren. Diese Aussage konnte ich in keiner meiner bisherigen Studien mit älteren Arbeitnehmern im Finanzdienstleistungs- und Verwaltungsbereich belegen. Die Statistik in Deutschland zeigt, dass für die 45- bis 65-Jährigen doppelt so viele Kostenanteile für Herz-Kreislauf-Erkrankungen aufgewendet werden müssen als für die 30- bis 45-Jährigen. Dafür ist der Anteil der psychisch Erkrankten unter den 30- bis 45-Jährigen etwas höher. In Deutschland (und Ähnliches gilt auch für die Schweiz) zählen zu den wichtigsten Frühberentungsdiagnosen psychiatrische Krankheiten, muskuloskelettale Erkrankungen, Neubildungen und Herz-Kreislauf-Erkrankungen. Diese vier Erkrankungsgruppen machen bei den Männern 76% und bei den Frauen 87% aller Frühberentungen aus (Gesundheitsberichterstattung des Bundes, 2006). Die Diagnosegruppen als Frühberentungsgrund haben sich allerdings in den letzten zwanzig Jahren verändert. So waren Herz-Kreislauf- und Skeletterkrankungen abnehmend, während psychische Beschwerden zunahmen. Psychische Erkrankungen haben sich innerhalb der Frühberentungsdiagnosen seit Mitte der 80er Jahre sogar verdreifacht und stellen heute den Hauptgrund für den Rentenzugang aufgrund verminderter Erwerbsfähigkeit dar. Es gibt keine eindeutigen Hinweise, dass ältere Arbeitnehmer kränker als jüngere sind oder generell mehr Fehlzeiten haben. Das Risiko der Frühberentung nimmt mit steigendem Alter (ab 56 Jahren) zwar kontinuierlich zu, ist aber mitunter auch abhängig von der Arbeitstätigkeit (Schwerarbeit vs. Büroarbeit) und den Arbeitsbedingungen (Lärmemissionen, psychisch hohe Anforderungen, monotone Arbeit, ergonomisch ungünstig eingerichtete Arbeitsplätze). Die Frühberentungen hängen somit eher mit der jeweiligen Branche und den Arbeitsbedingungen zusammen. In «white collar»-Berufen, so im Dienstleistungssektor, kann jeder Einzelne sein Alter bzw. seinen Alterungsprozess viel eher selber positiv mit beeinflussen als in «blue collar»-Berufen oder in Berufen, in denen beispielsweise Schichtbetrieb unumgänglich ist. Zusammenfassend heißt das, dass das Altern sehr individuell erfolgt. Es hängt einerseits von den täglichen äußeren Umweltbelastungen und psychischen Anforderungen und andererseits von den persönlichen Ressourcen und Strategien ab. Ich habe bisher in keiner meiner wissenschaftlichen Studien einen Zusammenhang zwischen Alter (bis 65 Jahre) und Krankheit bzw. Fehlzeit für den Finanz- und Verwaltungsdienstleistungssektor finden können. Dies ergibt sich vermutlich auch dadurch, dass Personen in höheren Funktionen eine gute Gesundheit aufweisen müssen, um die tägliche Leistung erbringen zu können. Erkrankte eine Person in exponierter Funktion, würde ihr der Rücktritt wohl sehr bald nahegelegt werden.

Output und Organisationsfähigkeit

Selbstführung ist im Rahmen der verbesserten Organisationsfähigkeit im Alter Thema. Im höheren Erwerbstätigenalter setzen wir Prioritäten und Ziele effizienter. In jüngeren Jahren haben die Arbeitnehmer vielleicht noch ganz viele, verschiedene Ziele,

Vorstellungen und Visionen. Mit der Zeit merken sie, dass sich nicht alles – zumindest nicht alles gleichzeitig – realisieren lässt.

> «Zeitdruck ist für mich Stress. Ich habe jedoch gelernt, dass ich diesen oft auch selber verschuldet habe. Ich bin früher nicht so gut mit der Zeit umgegangen. Ich war zu wenig diszipliniert und habe die Dinge zu wenig strukturiert auf das Geleise gebracht. Daran habe ich massiv gearbeitet. Jetzt geht es viel besser und ich bin viel effizienter.»
>
> *(CEO [55+], internationaler Konzern)*

Dann beginnt der Prozess des Abschiednehmens von Zielen und Visionen, die vielleicht aufgrund der Situation oder des Alters nicht mehr erreichbar sind. Prioritäten werden festgelegt und konsequenter als früher verfolgt. Ältere Arbeitnehmer vermögen es meist auch besser, zwischen wichtigen und weniger wichtigen Aufgaben zu unterscheiden. Damit verbessern sie nicht nur ihre Organisationsfähigkeit, sondern auch ihren Output. Die Befreiung von vielen momentan unwichtigen Zielen setzt Energie für die als wesentlich bezeichneten Aufgaben frei.

Zusammenfassung

Älterwerden ist mit Veränderungen verbunden. Gleichzeitig haben wir es bei dieser Thematik aber auch immer wieder mit hartnäckigen Altersstereotypen bzw. Vorurteilen aus dem Arbeitsalltag zu tun. So wird in vielen Unternehmungen Mitarbeitern über 50 unterstellt, dass sie schlechter lernten, vergesslicher seien und auch schlechter ausgebildet, schlechtere Leistung erbrächten und eine langsamere Auffassungsgabe hätten. Sie seien zudem kritisch, ablehnend gegenüber Neuerungen, ängstlich, störrisch, unflexibel, stur und konservativ! Dem ist jedoch vor allem eines entgegenzusetzen: Es gibt kaum etwas Individuelleres als das Altern. Jeder Mensch altert anders. Die Unterschiede in den körperlichen und geistigen Leistungsvoraussetzungen steigen im Alter drastisch an. Wie jemand altert, ist von den Arbeitsbedingungen und von den geistigen Ansprüchen, denen er täglich genügen muss, abhängig. So altert ein Bauarbeiter sicher anders und vor allem körperlich schneller als eine Büroangestellte. Ersterer wird gegen Ende seiner Erwerbstätigkeit mehr Auszeiten benötigen und mehr Krankheitstage haben als Letztere. Sicherlich ist es deshalb auch gerechtfertigt, Menschen in solch belastenden Berufen früher zu pensionieren. Wiederum altert jemand, der in seiner Freizeit ein eher passives Beschäftigungsrepertoire hat (Fernsehschauen) anders, als jemand, der in seiner Freizeit reist, liest, Sport macht, anderen Menschen begegnet, sich mit Kunst beschäftigt und musiziert. Die von mir befragte Gruppe hat gute Voraussetzungen, im Alter leistungsfähig zu bleiben. Diese Menschen haben täglich mit komplexen Fragestellungen und vielen unterschiedlichen Menschen zu tun, was sie geistig und sozial fordert. Sie trainieren ihr Gehirn genügend und sprechen deshalb auch von einer gesteigerten Leistungsfähigkeit im Alter, bezogen auf emotionale, soziale, Zielsetzungs-, Abgrenzungs- und intellektuelle Kompetenz. Das hat vor allem seinen Grund in der steigenden Lebenserfahrung, neuen Einsichten und Erkenntnissen, die diese Menschen erwerben können. Dadurch wächst auch das Selbstwertgefühl, was sich wiederum positiv auf die emotionale und soziale Kompetenz auswirkt. Das soziale Netz reduziert sich ungefähr im Alter von 40 Jahren. Dafür beginnt sich ein innerster Kreis von engsten Freunden auszudifferenzieren. Man macht dann eher einen Unterschied zwischen engeren und weniger engen bzw. rollengebundenen Beziehungen als früher – nicht zuletzt, weil die Zeit knapp ist und die soziale Kompetenz sich entwickelt. Es wird vermehrt auf Echtheit, Offenheit und vertieftes Verständnis in den Beziehungen geachtet. Für oberflächliche Beziehungen fehlen zunehmend Zeit und Interesse. Gute Voraussetzungen also, um sich ein tragfähiges, vertrautes soziales Netz zu erarbeiten. Dieser innerste Freundeskreis ist eine Ressource, die in Stresssituationen sehr wichtig ist. Gerade für das Typenmuster soziale Orientierung hat dieser Aspekt für die Gesundheit bzw. Stressprävention eine wichtige Bedeutung.

Einzig die Körperkraft wird als abnehmend erlebt, und das wirkt sich insbesondere auf die Konzentrationsfähigkeit aus. Lange Sitzungen ermüden mehr als früher, Jetlags werden nicht mehr so leicht weggesteckt. Diese Einbußen an Kraft werden allerdings mit verbesserten Strategien kompensiert. Der ältere Arbeitnehmer versteht sich in der Regel besser auf Abgrenzung von der Arbeit. Das heißt, er nimmt vermehrt und konsequenter Eigen- und Auszeiten zur Erholung. Außerdem nimmt die Organisationsfähigkeit zu. Der Output bleibt dadurch gleich oder kann sogar noch gesteigert werden. Die Abnahme der Konzentrationsfähigkeit kann zudem mit geistigen und körperlichen Trainings verlangsamt werden.

Kurz: Die befragte Gruppe weist keine Altersdefizite auf, die ihre Leistung beeinträchtigen. Da diese Menschen ständig mit komplexen Fragestellungen zu tun haben, bleiben sie flexibel in der Problemlösung und rasch in ihren Entscheidungen. Beides wird älteren Menschen gern abgesprochen. Was können wir daraus lernen? Durch Training der eigenen Fähigkeiten, durch ständige Neuorientierung, Aufgabenwechsel und hohe Ansprüche an Flexibilität und Komplexität bei der Arbeit kann im Alter die Leistungsfähigkeit in den unterschiedlichsten Dimensionen nicht nur erhalten bleiben, sondern sogar bisweilen noch ausgebaut werden.

Kapitel 5

Die Ressourcen verlagern sich – die Leistung bleibt

Hat jemand im Laufe seines Berufslebens immer wieder anspruchsvolle Situationen gemeistert, erwachsen daraus Selbstvertrauen, emotionale und soziale Kompetenz, aber auch Organisationsfähigkeit und Effizienz. Leistungsfähigkeit im Alter hat also weniger mit dem Altern selbst als mit den im Leben gemachten spezifischen Erfahrungen zu tun. Alter ist nur deshalb ein Kriterium, weil wir im Alter auf mehr und andere Erfahrungen zurückblicken als in der Jugend.

Was heißt das für die Karriereplanung des Einzelnen, für die Unternehmen und die Wirtschaft, welche in Zukunft zunehmend mit älteren Arbeitnehmern konfrontiert sein werden?

5.1 Bedeutung für die Karriereplanung

Wir wissen nun, dass es verschiedene Leistungsbereiche gibt, die sich im Alter abschwächen, gleich bleiben oder sogar stärker werden. Ob Letzteres geschieht, hängt weitgehend auch von der eigenen Initiative und dem gezielten Training unserer Fähigkeiten ab. Positiv wirken sich auf jeden Fall Vielfalt und Komplexität der Arbeit auf den Erhalt bzw. die Steigerung der Leistung aus. Das Motto heißt von Vorteil «lebenslanges Lernen». Jobs, bei denen es nur auf die Berufserfahrung ankommt, werden immer seltener. Heute sind gut ausgebildete, flexible und sozial kompetente Menschen gefragt. Bei Mitarbeitern ab 40 Jahren sinkt aber die Teilnahme an Weiterbildungsangeboten. Nur noch 29% der 40- bis 50-Jährigen in Deutschland nehmen innerhalb von drei

Jahren einmal an einer außerberuflichen Weiterbildung teil und nur noch 10% der über 50-Jährigen. Doch gerade die Dequalifikation ist das größte Beschäftigungsrisiko bei älteren Arbeitnehmern! Stete Weiterbildung ist demnach von großer Wichtigkeit, und zwar generell wie auch fachbezogen. Jede fachliche Aus- und Weiterbildung steigert den Marktwert. Ausbildung fördert zudem grundsätzlich den Selbstwert, Kontakte zu anderen und gibt neue Inputs. Auch wenn Jüngere die raschere Auffassungsgabe haben: Im Alltag kommt es nur darauf an, wie der Arbeitnehmer das neu Gelernte in sein Leben integrieren kann. Vielleicht ist es auch möglich, eine Fortbildung für vorwiegend ältere Arbeitnehmer anzuregen.

Weiter ist es nützlich, sich verschiedene Bewältigungsstrategien für Stresssituationen anzueignen und sie auszuprobieren. Je mehr Ansätze zur Stressbewältigung erprobt werden, desto eher entdecken wir, welche Strategie für uns die nutzbringendste ist. Im höheren Berufsalter können dann die jeweils passenden, bereits erprobten Bewältigungsstrategien auf die jeweilige Situation angewendet werden. Deshalb gibt es wohl auch viele ältere Arbeitnehmer, die effizient und erfolgreich sind, ohne dass sie besonders viel Energie aufwenden müssen.

Hat der ältere Arbeitnehmer unterschiedliche Bereiche in der Arbeit durchlaufen und vieles erfahren und gesehen, sollte er sich mit etwas über 40 Jahren überlegen, ob er sich beruflich nochmals neu orientieren und ausrichten will. Denn: Im Alter zwischen 40 und 45 sollten wir uns auf die Zeit nach 50 vorbereiten. Die Vermittelbarkeit eines Arbeitnehmers nimmt heute drastisch ab, wenn er das Alter von 45 Jahren erreicht hat (gemessen an der Langzeitarbeitslosigkeit). Deshalb ist es wichtig, sich bis zu diesem Zeitpunkt beruflich so zu positionieren, dass Älterwerden eher zum Vorteil als zum Nachteil gereicht. Die Ausrichtung könnte dahingehen, dass Jobs angestrebt werden, in denen Erfahrung, Ruhe, Gelassenheit, Zuverlässigkeit, Planungsfähigkeiten und Weitsicht gefordert sind. Ich habe die Erfahrung gemacht, dass diese Kompetenzen vor allem in den beratenden Tätigkeiten gefragt sind. In der Kundenberatung, Firmenberatung, Ausbildung von Personen, in Personalabteilungen und in vielen Bereichen, in denen zwischenmenschliche Kontakte im Vordergrund stehen. Bei Krisen in der Abteilung oder bei schwierigen Situationen mit Kunden ist oft der Einsatz eines älteren Arbeitnehmers erfolgreicher als der eines jüngeren Kollegen. Dort, wo es loyale, sehr zuverlässige, erfahrene, sozial kompetente, emotional ausgeglichene, interaktive Menschen braucht, könnten ältere Arbeitnehmer einen Vorteil gegenüber jüngeren haben. Dort allerdings, wo ganz Neues kreiert werden muss, sehr rasche Entscheidungen und Innovation gefragt sind, ein kompetitives Umfeld herrscht, Altes abgebaut und Traditionen aufgebrochen werden müssen, werden jüngere Mitarbeiter vermutlich vorteilhafter eingesetzt sein. Grundsätzlich plädiere ich aber für altersgemischte Teams in der Arbeitswelt, damit verschiedene Ein- und Ansichten zum Tragen kommen können. Schließlich geht es darum, verschiedenen Einsichten, Erfahrungen und andere Synergien nutzbringend für das ganze Unternehmen einzusetzen.

5.2 Bedeutung für den Arbeitgeber

Ältere Arbeitnehmer, das beweisen viele Studien, leiden – insbesondere im Dienstleistungsbereich – nicht notwendigerweise häufiger unter Burnout oder gesundheitlichen Beschwerden als jüngere Arbeitnehmer. Die abnehmende Konzentrationsfähigkeit kann mit mehr Auszeit und Pausen kompensiert oder sogar überkompensiert werden, ohne dass der Output abnimmt. Für ältere Arbeitnehmer ist es deshalb sehr wichtig, dass sie ihre Arbeitszeit flexibel gestalten können. Ein Arbeitgeber, der ältere Arbeitnehmer beschäftigt und diese bis zur ordentlichen Pensionierung gut und tatkräftig eingesetzt wissen will, fördert körperliches und geistiges Training. Er richtet Ruheräume ein, schafft Gelegenheit, im Stehen zu arbeiten (Stehpulte), bietet Trainingsangebote und flexible Arbeitszeiten an. Außerdem erteilt er die offizielle Erlaubnis, die entsprechenden Ruheräume auch zu benutzen. Vorgesetzte, die sich selber ab und an dort aufhalten, werden zum Vorbild und bieten eine Garantie, dass dieses Konzept auch funktioniert. Weiter sind ergonomisch gut eingerichtete und helle Arbeitsplätze für alle, insbesondere aber für die älteren Mitarbeiter wichtig. Außerdem achtet der Arbeitgeber darauf, dass auch ältere Arbeitnehmer an Aus- und Weiterbildung teilnehmen, damit sie marktfähig bleiben und vielfältig eingesetzt werden können. Dieses Ziel wird eher erreicht, wenn bei der Kursausschreibung die unterschiedliche Lernmotivation und die unterschiedlichen Lernbedürfnisse von Jung und Alt berücksichtigt werden. Während in der Ausbildung altershomogene Gruppen von Vorteil sind, sind altersgemischte Teams am Arbeitsplatz zu bevorzugen. Jüngere bringen Innovation, Risikofreude und meist eine breite Ideenpalette mit. Ältere können die neuen Ideen realistisch einordnen und effizient umsetzen.

Ältere Arbeitnehmer sind da einzusetzen, wo sie ihre Ressourcen entfalten können: an der Kundenfront, in der Beratung, Ausbildung, Strategieplanung und überall dort, wo es viel Erfahrung, Organisationsvermögen und einen kühlen Kopf braucht. Nie aber sollte vergessen werden, dass jeder Arbeitnehmer ein Individuum ist, das ganz unterschiedliche Erfahrungen mitbringt und möglicherweise auch einer Alterskohorte angehört, die andersdenkend ist und ein etwas anderes Weltbild hat. Bei der Anstellung eines älteren Mitarbeiters gilt es darauf zu achten, welche Erfahrungen er mitbringt. Das bloße Alter hingegen sagt noch gar nichts über das aktuelle und zukünftige Potenzial eines Arbeitnehmers oder einer Arbeitnehmerin aus.

Teil III

Kapitel 6

Vorboten eines Burnouts: Wie können Sie die Symptome erkennen?

Der Begriff «Burnout» wurde 1974 in Amerika durch den Psychoanalytiker Herbert Freudenberger geprägt. Er arbeitete in seiner Praxis und in sozialen Einrichtungen manchmal selbst bis zu 18 Stunden am Tag und stellte in der Folge bei sich die psychischen und psychosomatischen Symptome fest, die er später als «Burnout» charakterisierte. Der Begriff setzt sich zusammen aus «burn» für brennen und «out» für das Erlöschen des Feuers. Herbert Freudenberger verstand darunter das Schwinden der Kräfte und eine zunehmende Erschöpfung durch übermäßige Beanspruchung der eigenen Energie. 1976 publizierte Christina Maslach konzeptuelle Überlegungen zu den Ausführungen Freudenbergers und entwickelte daraus das für die Forschung wichtige Burnoutkonzept. Burnout wird dabei nicht als Zustand, sondern als ein chronischer Prozess verstanden. Dieser Prozess besteht in der Veränderung des Körpers, des Geistes und der Gefühle. Drei wichtige Komponenten sind dabei maßgeblich:

- Emotionale Erschöpfung: ein Gefühl der Überforderung, Erschöpfung, Frustration und Angst
- Depersonalisierung: eine distanzierte, negative oder zynische Einstellung gegenüber anderen Menschen im beruflichen Umfeld

- Reduzierte persönliche Leistungsfähigkeit: ein Erleben reduzierter persönlicher Leistungsfähigkeit hinsichtlich Aufmerksamkeit, Konzentrations- und Durchhaltefähigkeit im Beruf. Die betreffende Person stellt bei sich einen verminderten Output fest.

Zentraler Aspekt beim Burnout ist die emotionale Erschöpfung. Die betroffenen Menschen haben das Gefühl, sie hätten sich zu stark verausgabt. Sie fühlen sich ausgelaugt in physischer und psychischer Hinsicht. Meist ist dieser Zustand das Resultat einer langanhaltenden Stresssituation oder mehrerer Stresssituationen kurz hintereinander.

Wie kommt es zu Burnout?
Burnout resultiert aus einer Fehlanpassung der persönlichen Ziele an die gegebene Berufsrealität. Kann der Mensch seine persönlichen Werte und speziellen Talente und Fähigkeiten in der Arbeit nicht zur Geltung bringen, die Arbeit also auch nicht als sinnvoll und fruchtbar erleben, besteht Burnout-Gefahr. Auch wenn eine Person nicht genügend interne und externe Ressourcen zur Stressbewältigung zur Verfügung hat oder die Bewältigungsstrategien im Umgang mit belastenden Situationen unzweckmäßig sind, kann es zu Burnout kommen.

Woran erkennt man Burnout, bevor es zu spät ist?
Da Burnout ein Prozess ist und kein statischer Zustand, gibt es verschiedene Stufen und Merkmale, die es zu beachten gilt.

Am Anfang steht die Euphorie
Im Anfangsstadium des Burnout finden wir einen gewaltigen Arbeitseinsatz. Auffällig sind nicht nur die langen Arbeitsstunden, sondern auch das Engagement, möglichst vieles oder alles selber zu erledigen. Dies wird von der betroffenen Person selbst und

meist auch von Dritten als «hohe Arbeitsmotivation» gedeutet. Konsequenterweise delegieren die Vorgesetzten immer mehr Aufgaben an solche Personen, während sich die anderen Mitarbeiter und Kollegen eher einer «Verantwortungsdiffusion» hingeben – sie fühlen sich nämlich immer weniger verpflichtet, Mehrarbeit zu leisten, da ja jemand zugegen ist, der die Dinge an sich reißt und zu allem Ja sagt. Zunehmend sieht sich der Betroffene selber in der Rolle als «Fels in der Brandung» oder – vor allem in sozialen Berufen – als «Retter der Welt». Was immer die Welt im Moment für ihn bedeutet, er glaubt, etwas Besonderes leisten zu können und – aus einem inneren Verpflichtungsgefühl heraus – leisten zu müssen. Gleichzeitig besteht die Erwartung, dass diese großartige Leistung auch entsprechend anerkannt wird. Mit Kritik können die Betreffenden eher selten konstruktiv umgehen. Ihre Strategie ist es daher, so exakt und fehlerfrei zu arbeiten, dass Kritik möglichst ausbleibt. Daraus resultiert der übermäßige Anspruch an sich selbst, jederzeit hundertprozentigen Einsatz zu leisten und dabei auch stets die perfekte Lösung zu finden. Delegieren ist für solche Menschen schwierig, weil sie auf jeden Fall in der Verantwortung bleiben – auch wenn sie eine Aufgabe anderen überlassen. So haben sie denn auch die Tendenz, ein ausgiebiges Kontrollsystem einzurichten. Dies wiederum löst bei vielen Kollegen und Untergebenen eine hohe Arbeitsunzufriedenheit aus.

Der hohe zeitliche Arbeitseinsatz geht zudem meist zu Lasten der Privatsphäre. Das soziale Netz reagiert teilweise mit Unverständnis und fühlt sich zunehmend zurückgesetzt. Der wiederkehrende Satz: «Ich muss heute noch länger im Büro bleiben», wird mit einem tiefen Atemzug und vielleicht einem «Aha, schon wieder!» quittiert. Freunde fühlen sich vernachlässigt und hören auf, sich zu melden. Die Familie beschwert sich, dass die Aufopferung für den Beruf zu weit gehe. Die Betroffenen geben häufig an, dass ihre Gedanken ständig um die Arbeit kreisen und sich in der Freizeit kaum noch verdrängen lassen.

Das Engagement nimmt schleichend ab

Die Einsicht ist bitter, aber unausweichlich: Das große Lob bleibt aus. Die Anerkennung kommt nicht so überschäumend daher, wie man es erwartet hat. Merkt eigentlich keiner, was hier geleistet wird? Wie kommt es, dass die Kollegen früher nach Hause gehen, während man selbst ihre Arbeit miterledigt? Das Gefühl, nur noch von allen ausgenutzt zu werden, macht misstrauisch, Arbeitsmotivation und damit der Arbeitseifer beginnen zu schwinden. Flüchtigkeitsfehler schleichen sich ein. Darauf reagiert der Betroffene mit «mehr vom Gleichen». Er strengt sich mehr an, setzt mehr zeitliche Ressourcen ein und verstärkt die Kontrollmechanismen. Gleichzeitig erkennt der Betreffende, dass er sein Ziel nicht erreicht hat. Frustration kommt auf, und er schaut sich nach Perspektiven um. Nur, in diesem Moment vermag er Perspektiven gar nicht mehr wahrzunehmen.

Suche nach Schuldigen

In der Kaffeepause findet man solche Menschen häufig klagend. Es kommt zur Entfremdung von den anderen. Begriffe wie «Sklaventreiber», «Peitschenknaller», «Taugenichtse», «Schreibgestörte», «undankbares Volk» ersetzen die Namen von Kollegen und Vorgesetzten. Dabei richtet sich der Zynismus oft nicht nur gegen außen, sondern auch gegen innen, gegen die eigene Person. Wutgefühle machen sich breit, die der Betreffende bei sich bisher nicht beobachtet hat. Stück für Stück zieht sich der Betroffene aus dem sozialen Umfeld zurück. Die nächsten Jahre habe er keine Zeit für Vergnügungen, behauptet er vielleicht, denn alle anderen ließen ihn ja alleine schuften. Sie machen sich auf seine Kosten ein schönes Leben! Auch die äußeren Umstände machen ihm das Arbeitsleben schwer. Der Computerfachmann hat den PC nicht richtig aufgesetzt. Die Telefonanlage hat die eingegebenen Kundennummern nicht richtig abgespeichert. Die Kunden sind sauer, weil der Arbeitgeber schlechte Presse macht. Mitarbeiter halten die Termine nicht ein. Der Betreffende sucht verzweifelt nach Rechtfertigungsgründen für seine abnehmende Leistungsfähigkeit und zunehmende Demotivierung.

Solche Verhaltensänderungen wie zum Beispiel eine zunehmende Suche nach Schuldigen sollte man ernst nehmen. Ein Mitarbeitergespräch ist zu diesem Zeitpunkt angezeigt und hilfreich. Denn die Suche nach Schuldigen ist meist auch ein Hilferuf des Betroffenen.

Die Probleme nehmen zu

Neu treten nun auch bisher nie da gewesene Konzentrationsprobleme auf. Immer häufiger passieren Fehler, die Arbeitsqualität nimmt weiter ab, der Umgangston wird zunehmend härter, und informelle Kontakte mit der betreffenden Person werden immer schwieriger. Der Betroffene ist im Umgang mit den Kollegen stark verunsichert, kann sich nicht mehr in andere hineinversetzen und eine emotionale Beziehung herstellen: Er zieht sich weiter in sich selbst zurück. Da seine Denkfähigkeit aufgrund der Konzentrationsschwäche eingeschränkt ist, kann man bei ihm mitunter ein ausgeprägtes Schwarz-Weiß-Denken feststellen. Ob jemand diese Veränderung bemerkt? Ob andere realisieren, dass er die Arbeit beinahe nicht mehr schafft? Stimmt etwas mit seinem Gedächtnis nicht mehr? Sehr häufig wird noch in diesem Stadium weiterhin «mehr vom Gleichen» getan. Mit aller Macht versucht der Betroffene sich auf die Arbeit zu konzentrieren und setzt mitunter unzählige Überstunden hierfür ein. Dabei vergisst er aber seine alltäglichen Verpflichtungen und wird damit für sein soziales Umfeld unzuverlässig. Emotional stellen sich in diesem Stadium meist Angst und/oder Trauer ein.

Eine regelrechte Spirale von Leistungsabbau und Kampf um die Wiederherstellung der Leistung entsteht. Daneben tritt die Sorge um die eigene Gesundheit. Das Risiko eines physischen und psychischen Zusammenbruchs steigt.

Spätestens zu diesem Zeitpunkt sollte eine geschulte und neutrale Fachperson beigezogen werden. Meist ist eine medikamentöse Behandlung in diesem Stadium aber noch nicht angezeigt.

Emotionale Verflachung stellt sich ein

Für Gefühle reicht in diesem Stadium die Kraft fast nicht mehr. Die betroffene Person wird stumpf. Viele beschreiben den Zustand als Nebel, der sich um sie herum ausbreitet. Die Distanz zur realen Welt nimmt zu. Dinge, die früher Freude gemacht haben werden bedeutungslos. Die Interessen versickern, Deprimiertheit tritt an deren Stelle. Der Antrieb ist vermindert und die Ermüdbarkeit auch nach leichteren Tätigkeiten hoch. Am Morgen fällt das Aufstehen zunehmend schwerer. Der Betroffene fühlt sich ausgelaugt, erledigt und sehr müde. Begleitet wird dieser Zustand meist von einem Verlust an Selbstvertrauen, Selbstvorwürfe und Schuldgefühle machen sich breit. Häufig wird in diesem Stadium der Kontrollverlust über die eigenen Gedanken erwähnt. Die Gedanken kreisen unaufhörlich und können einfach nicht mehr gestoppt werden.

Spätestens in diesem Stadium bemerkt auch das private Umfeld die Veränderung. Damit nähert sich das Burnout vom Erscheinungsbild her der Depression. Ich persönlich halte zu diesem Zeitpunkt eine psychologische und/oder psychiatrische Intervention für unerlässlich. Vermutlich ist nun auch eine medikamentöse Behandlung angebracht.

Auftauchen psychosomatischer Beschwerden

Symptomatisch bei Burnout und bei Depression sind die somatischen Beschwerden. Sie sind aber nicht Voraussetzung für die Diagnose einer Depression. Auch die Forschungsdefinitionen für Burnout sehen keine somatischen Beschwerden vor. Trotzdem habe ich in meiner Praxis festgestellt, dass neben der emotionalen Verflachung auch körperliche Beschwerden und Schlafstörungen

(Ein-, Durchschlafstörung und morgendliches Früherwachen) auftreten. Psychosomatische Beschwerden im Rahmen von Burnout zeigen sich häufig in Form von Magen-, Kopf-, Rücken- und Muskelschmerzen. Ebenso sind Herz-Kreislauf-Probleme wie Herzrasen, Herzrhythmusstörungen oder Herzstechen nicht selten, erhebliche Konzentrations- und Entscheidungsschwierigkeiten gang und gäbe. Manche dieser Symptome können unter Umständen zu Angstattacken führen. Angst, sterben zu müssen, weil das Herz versagt. Angst, das Gedächtnis zu verlieren, weil Konzentration und Merkfähigkeit sich drastisch verschlechtern. Spätestens zu diesem Zeitpunkt wird der Arzt aufgesucht. Sind dann sowohl Herzspezialist wie Neurologe der Meinung, dass physiologisch alles in Ordnung ist, können die Betroffenen dies kaum glauben. Die Aussage, dass der Körper auf diese Weise auf Stress reagieren kann, ist für den Betreffenden nur sehr schwer nachvollziehbar und kann meist erst nach einer längeren Ärzteodyssee akzeptiert werden. In diesem Stadium sind Medikamente meist notwendig und sinnvoll. Eine Psychotherapie bei einem Arzt (Psychiater) oder bei einem Psychologen ist jedoch zusätzlich angezeigt. Eine Auszeit vom Beruf wird zunehmend wahrscheinlich.

Am Ende steht die Verzweiflung

Am Ende dieser Entwicklung steht die Verzweiflung. Das zeitweilige Gefühl der Hilflosigkeit wird zur chronischen Hoffnungslosigkeit. Der Betroffene «sieht das Leben durch eine schwarze Brille». Er kann an keine Zukunft mehr glauben. Die Gefühle sind blockiert, weder Trauer noch Wut werden empfunden. Es treten wiederkehrende Gedanken an den Tod auf. In dieser Phase schwebt der Betroffene unter Umständen in Lebensgefahr. Möglich, dass bereits suizidale Handlungen vorgenommen wurden. Es macht nun keinen Sinn mehr, schwere Depression und Burnout unterscheiden zu wollen. In diesem Stadium ist ein stationärer Aufenthalt in einer Klinik dringend notwendig.

Burnout ist ein über längere Zeit sich entwickelnder Prozess. Ist die Stufe «Emotionale Verflachung» erreicht, ist Burnout jedoch kaum mehr von einer Depression zu unterscheiden. Sie unterscheiden sich vielleicht noch konzeptuell, nicht mehr aber vom Erscheinungsbild her. In den ersten drei bis vier Stufen ist Burnout hingegen auch dem Erscheinungsbild nach von der Depression abgrenzbar. Einfach ausgedrückt ist Burnout ein negativer Seelenzustand eines an sich gesunden Arbeitnehmers. Die emotionale Erschöpfung ist dabei der offensichtlichste und charakteristischste Aspekt. Die betroffene Person entwickelt eine ungünstige Einstellung zum Beruf, begleitet von Zynismus, Schuldigensuche für eigene Fehler, fehlendem Einfühlungsvermögen für andere Menschen, Unruhe und Aggression (Depersonalisierung). Weiter besteht beim Betroffenen das Gefühl, dass er die Arbeit nicht mehr bewältigen kann (reduzierte persönliche Leistungsfähigkeit). Burnout kennt verschiedene Phasen: Euphorie, reduziertes Engagement, Suche nach Schuldigen und langsamer Abbau. Die Stufen der emotionalen Verflachung, psychosomatische Beschwerden und Verzweiflung ziehen meist eine medizinische Indikation (Psychopharmaka) nach sich. Damit wird wohl die Diagnosestellung Depression unausweichlich und eine berufliche Auszeit unumgänglich.

Kapitel 7

Wie unterscheidet sich Burnout von Depression und anderen psychischen Erkrankungen?

Ist Burnout eine Krankheit?

Burnout als Hauptdiagnose findet sich in keinem internationalen Klassifikationssystem für psychiatrische Erkrankungen. Burnout ist also kein klar definiertes Krankheitsbild. Kein akademischer Arzt oder Psychologe dürfte Burnout als Behandlungsdiagnose stellen, berücksichtigt er die Kriterien gemäss WHO. Wird Burnout als Diagnose angegeben, wird in der Regel die Krankenkasse die Arztrechnung nicht bezahlen. Da Burnout nicht als Krankheit klassifiziert und definiert ist, muss im klinischen Alltag auf verwandte und international einheitlich definierte Konstrukte zurückgegriffen werden.

Neurasthenie, die ursprüngliche Form von Burnout?

Neurasthenie ist nicht zu verwechseln mit dem ähnlich klingenden Störungsbild der Hysterie, welche eine neurotische Störung bezeichnet. Der Begriff «Hysterie» ist zudem veraltet und heute im ICD-10 (Internationales Klassifikationssystem für psychiatrische Erkrankungen) durch «dissoziative Störung» und «histrionische Persönlichkeitsstörung» ersetzt worden.

Neurasthenie kam in Form der «nervösen Erschöpfung» als Krankheit des «modernen Lebens» bereits zu Beginn der Industrialisierung und Verstädterung vor. Ende des 19. Jahrhunderts trat diese Krankheit zunächst in den USA und bald darauf auch in Deutschland gehäuft auf. Es handelte sich dabei nachgerade um eine «Nervositätsepidemie», die den sichtbaren Beginn der modernen Stresserkrankung markiert. Das Tempo des Fortschritts und die daraus folgenden Anforderungen an die Leistungen sind rascher als die Anpassungsfähigkeit des Menschen. Die Technik triumphiert über das Leben, die Maschine über den Leib, das «ich muss» über das «ich kann» (Kahn, 1926). Burnout ist also bei weitem kein neues Phänomen.

Wie unterscheiden sich Neurasthenie und Burnout? Die Diagnose Neurasthenie legt den Schwerpunkt auf körperliche Symptome wie akute oder chronische Muskelschmerzen, Benommenheit, Schwindel, Spannungskopfschmerz, Unfähigkeit sich zu entspannen, Schlafstörungen und die Sorge über abnehmendes geistiges und körperliches Wohlbefinden. Die Ursache der Beschwerden läßt sich dabei nur ungenügend auf eine organische Erkrankung zurückführen. Obwohl ähnliche Symptome bei Burnout ebenfalls sehr häufig begleitend auftreten, sind sie gemäß der psychologischen Definition nach Christina Maslach nicht Voraussetzung. Die Gemeinsamkeit von Neurasthenie und Burnout ist vor allem das Merkmal des «anhaltenden Erschöpfungsgefühls» bereits nach geringer geistiger oder körperlicher Anstrengung.

Burnout oder Depression?

Bei der Diagnose Depression bestehen die Hauptsymptome in der Veränderung der Stimmung oder der Gefühlswelt (Affekte). Als Diagnosekriterium gelten insbesondere die depressive Stimmung, Verlust von Interesse und Freude an Aktivitäten und verminderter Antrieb oder gesteigerte Ermüdbarkeit. Dazu kommen Elemente wie Selbstwertverminderung, Schuldgefühle, Klagen über vermindertes Denk- oder Konzentrationsvermögen, Schlafstörungen und negative Gedanken bis hin zu Selbstmordphantasien. Bei der Depression steht die emotionale Erschöpfung in Form verminderten Antriebs, Freudlosigkeit und Motivationsverlust im Vordergrund. Diese Voraussetzung entspricht in etwa der emotionalen Erschöpfung bei Burnout. Die reduzierte Leistungsfähigkeit, die bei Burnout ebenfalls zur Symptomatik gehört, kommt bei der Depression vielleicht am ehesten in Form von Konzentrationsstörungen vor. Die dritte Voraussetzung von Burnout, nämlich die Depersonalisierung, ist bei der Depression hingegen gar kein Kriterium. Depression und Burnout sind beide durch ein negativ getöntes emotionales Erleben gekennzeichnet und gehen mit ähnlichen Beschwerden einher. Auf Dauer kann Burnout in das psychiatrische Störungsbild einer Depression übergehen oder diese auslösen. Burnout gilt jedoch als weniger komplexes Konstrukt und verweist vor allem auf Probleme im beruflichen Umfeld. Depressive Beschwerden werden von nahestehenden Personen meist übereinstimmend wahrgenommen. Burnoutsymptome hingegen bleiben von nahestehenden Personen viel länger unbemerkt. Die depressive Stimmung wirkt sich viel eher auf die privaten sozialen Kontakte aus, während Burnout sich vorwiegend im beruflichen Umfeld manifestiert und privat meist länger unerkannt bleibt. Die Differenzen liegen denn auch meist in der Intensität der Symptome. Gefühle von Schuld, Hoffnungslosigkeit, Wertlosigkeit und Todesgedanken werden als intensive Gefühle beschrieben und sind der Depression eigen. Burnout ist vielmehr ein Resultat länger anhaltender Belastung im Beruf und beinhaltet daher vor allem Elemente, wie sie zum Stress gehören. Menschen, die an Burnout leiden, fühlen sich ausgebrannt, wenn sie über längere Zeit eine negative Energiebilanz aufweisen. Diese negative Bilanz kann durch eigene Kraft weder physisch, psychisch, geistig noch durch andere Ressourcen ausgeglichen werden. Burnout hat also mit einem problematischen Umgang mit Stress zu tun.

Beispielsweise können Personen, die unter Burnout leiden, im Beruf aufgrund ihrer Konzentrationsschwäche, Entscheidungsschwierigkeiten oder Gereiztheit auffallen. Es kann zum Beispiel passieren, dass ein solcher Mitarbeiter unverhältnismäßig lange (sagen wir vier bis sechs Stunden) benötigt, um einen kurzen, alltäglichen Geschäftsbrief zu verfassen. Ist der Brief nach stundenlanger Arbeit endlich geschrieben, wird er unzählige Male durchgelesen und korrigiert. Der für den gesunden Mitarbeiter recht einfache Entscheid, wann diesem Brief Genüge getan ist und er abgeschickt werden kann, lastet auf dem Burnoutbetroffenen bleischwer. Das Prozedere des unendlichen Durcharbeitens kann sich tagelang hinziehen. Privat jedoch funktioniert dieselbe Person unter Umständen recht unauffällig. Sie geht problemlos einkaufen und richtet ein Essen für eine ganze Familie her, organisiert Feste und besucht Veranstaltungen. Es ist also möglich, dass ein Mensch nur an einem ganz bestimmten Ort, also zum Beispiel am Arbeitsplatz, unter Konzentrationsstörungen und Entscheidungsschwierigkeiten leidet. Läge hingegen eine Depression vor, wäre auch das Privatleben betroffen. Eine Person, die bereits unter einer depressiven Verstimmung leidet, wäre kaum mehr in der Lage, ohne nennenswerte Schwierigkeiten Feste zu organisieren oder an gesellschaftlichen Anlässen teilzunehmen.

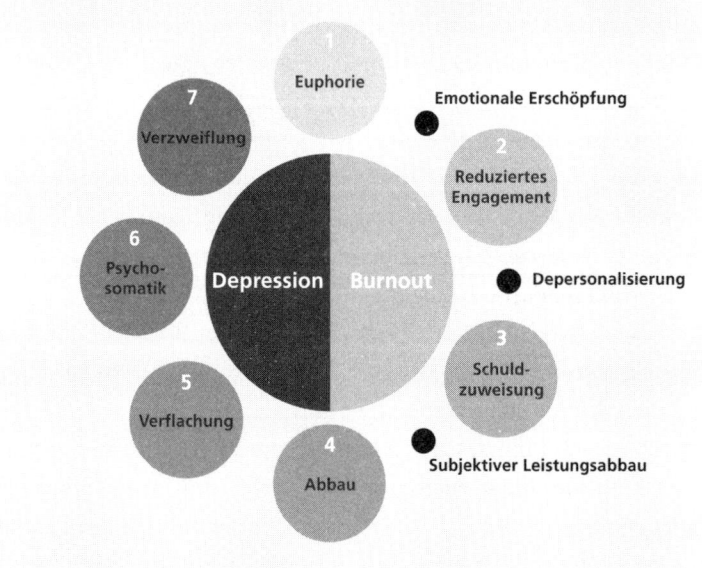

Ist die Depression Bestandteil des Burnoutverlaufs? Das ist umstritten. In diesem Buch wird die Ansicht vertreten, dass Burnout im späteren Verlauf in eine Depression übergehen kann. Nach dem langsamen Prozess des Abbaus kommt die Phase der emotionalen Verflachung, die sich dann auch bis ins Privatleben hinein auswirkt. In dieser Phase ist dann die Diagnose Depression angezeigt. Entstehungsgrund der Depression wäre dann nicht ein privates belastendes Ereignis, sondern ein Burnout.

Burnout und Angst

Wie hängen Burnout und Angst zusammen? Charakteristisch für die Entstehung von Burnout ist anfänglich ein unrealistisch hoher Leistungsanspruch an sich selbst. Wenn jemand der Überzeugung ist, absolut fehlerfrei arbeiten zu müssen, verbirgt sich dahinter oft die Angst vor Kritik und ein enormes Streben nach Harmonie und Anerkennung. Auf längere Sicht führt das unweigerlich zur Selbstüberforderung. Vor allem die Angst vor Kritik drängt den Betroffenen in eine Leistungsspirale. Das Ziel, «ohne Fehl und Tadel» zu sein, ist unrealistisch und damit nicht erreichbar. Die Angst vor Fehlern kann zudem weitere Kreise ziehen und sich auf die Mitarbeiter übertragen. Nur unter erhöhtem Druck werden Aufgaben an sie delegiert, und sie werden gleichzeitig einer starken Kontrolle unterworfen. Die Mitarbeiter nehmen solche Zeichen als Misstrauen in ihre Fähigkeit wahr, was wiederum die Angst vor Fehlern schürt. Dies ist oft der Beginn einer Angstkultur. Jeder überwacht jeden, denn Fehler dürfen nicht vorkommen. So wird ein Burnoutklima geschaffen. Mitarbeiter, die einer solchen Betriebskultur ausgesetzt sind, können Burnoutsymptome entwickeln, obwohl sie selber dafür eigentlich nicht anfällig wären. Deshalb sprechen wir mitunter von einer Burnoutepidemie bzw. von der Ansteckungsgefahr von Burnout. Solche Burnoutbetroffene machen meines Erachtens zu Recht das Arbeitsumfeld bzw. das Arbeitsklima für ihr Burnout verantwortlich. Ist

Burnout auf diese Weise entstanden, kann der Wechsel in ein anderes Arbeitsumfeld bereits die Lösung darstellen und Genesung bringen. Deshalb sollte man sehr genau hinsehen, wie im beruflichen Umfeld mit Kritik und Feedback umgegangen wird. Mitunter treffen Mitarbeiter tatsächlich auf ein bedrückendes, angsterzeugendes oder paranoides Betriebsklima. Als besonderer Fall der «Burnoutansteckung» ist mir das Phänomen der Übertragung, ähnlich wie sie in der Psychotherapie (Psychoanalyse) vorkommen kann, begegnet. Eine Person mit leichterer Burnoutsymptomatik überträgt ihre Einstellungen und Gefühle (vor allem Angst und Niedergeschlagenheit) auf eine andere, gesunde Person. Die ursprünglich gesunde Person zeigt innerhalb kurzer Zeit ebenfalls leichte Symptome von Burnout. So kann es sein, dass über Jahre hinweg keiner von beiden das Vollbild von Burnout entwickelt. Es scheint also, dass es der an Burnout erkrankten Person tatsächlich gelingt, weiterhin weitgehend unauffällig im Beruf zu funktionieren. Das heißt, sie vermag aufgrund der «Übertragung» ihren Gesundheitszustand zu stabilisieren. Ich vermute, dass Burnoutsymptome auf diese Weise teilweise unterdrückt werden können. Trennt man die beiden Berufskollegen, dürfte der Erstere innerhalb von kurzer Zeit ein Vollbild von Burnout entwickeln, während die andere Person innerhalb von Tagen vollständig genesen kann.

Burnout kann sowohl in eine Depression wie auch in eine Angststörung (Panik) münden. Mit Burnout gehen häufig somatische Beschwerden einher. Dazu gehören manchmal auch Herzrasen, Kurzatmigkeit, Atemnot oder Erstickungsgefühle. Ein stressbedingt höherer Blutdruck wird hingegen meist noch nicht wahrgenommen. Doch plötzlich bemerkt der Betroffene einen stärkeren und rascheren Pulsschlag und wird kurzatmig. Dieser Zustand hält vielleicht fünf bis zehn Minuten an, danach verlangsamt sich der Puls vermutlich, die Atmung wird automatisch ruhiger, und die Person fühlt sich möglicherweise noch etwas angeschlagen. Sie mag sich fragen, ob das die ersten Anzeichen eines Herzinfarkts waren: Die körperlichen Reaktionen und Zeichen werden nun zur Kenntnis genommen. In der Folge ist es maßgebend, wie dieses Erlebnis interpretiert wird. Wird die Situation nicht als Stress bzw. werden die Symptome nicht als Stressreaktion erkannt, macht der oder die Betroffene weiter wie bisher. Äußerlich ändert sich anfänglich noch nichts, höchstens werden die eigenen Körperreaktionen etwas genauer beobachtet. Gibt es weitere, ähnliche Körperreaktionen, löst das dann aber doch Angstgefühle aus. Das wiederum führt zu verstärkten Körperreaktionen, welche die Angst weiter triggern und so weiter. Auf diese Weise ist ein Teufelskreis entstanden. Die Angst wächst, es entwickelt sich ein Angst/Panik-Kreislauf. Das Ergebnis ist, dass sich die körperlichen Symptome in der nächsten Stressphase intensivieren. Nun sind die Betroffenen meist davon überzeugt, eine Herzinsuffizienz zu haben, denn die Symptome wie Herzrhythmusstörungen, Schmerzen in der Brust, Hitzewallungen, Übelkeit, Zittern, Schwindel und Atemnot sind ja keine Einbildung, sondern real vorhanden. Trotzdem findet der Arzt möglicherweise keine körperliche Ursache dafür. Das irritiert manch einen Betroffenen. Es ist schwer zu glauben, dass diese Symptome «nur» mit Stress zu tun haben sollen. Oftmals beginnt eine Ärzteodyssee, bis die Zuständigkeit eines Psychiaters oder Psychologen akzeptiert wird.

Burnout und die gesundheitlichen Auswirkungen der Stresshormonproduktion

Burnout kann als Stresserkrankung gesehen werden, denn chronischer Stress wirkt sich sowohl auf die Psyche als auch auf den Körper aus.

Die häufigste Stressreaktion, die ich bei meinen Interviewpartnern gefunden habe, war Wut, verbunden mit Erregbarkeit, Ungeduld, Gereiztheit und Anspannung. Als weitere Affekte wurden auch Trauer, Enttäuschung, Angst und Apathie (emotionale Erschöpfung) genannt. Treten solche emotionalen Zustände über längere Zeit auf, sprechen wir von chronifiziertem Stress. In der akut auftretenden Stresssituation reagiert das vegetative Nervensystem automatisch und setzt schlagartig Adrenalin frei. Auf diese Weise werden Herzschlag, Muskeltonus und Atemfrequenz erhöht. So werden Energiereserven freigesetzt, um die bedrohliche Situation zu bewältigen. Dabei reagiert der Mensch unter akutem Stress gemäß seinem angeborenen, artspezifischen Muster (preparedness). Entweder tritt er der als Gefahr wahrgenommenen Situation entgegen (Wut, Aggression), oder er weicht ihr aus (Angst, Flucht). Dies wird auch «fight oder flight» genannt. Wird eine Reaktionshandlung als aussichtslos beurteilt, so löst dieser Zustand des «Nicht-Handeln-Könnens» Erstarrung aus. Adrenalin ist sofort verfügbar und baut sich auch rasch (innerhalb weniger Minuten) wieder ab. Es unterdrückt Hungergefühl, Schlafbedürfnis und sexuelle Aktivität und erhöht gleichzeitig die Wachheit und Konzentration. Dauert die Stressphase über zwanzig Minuten an, so wird die längere Stressachse (Hypothalamus-, Hypophyse-, Nebennierenrinden-Achse), unter Beteiligung des Gehirns, im Körper aktiviert. Das heißt, es wird eine erhöhte Menge des Stresshormons Cortisol ausgeschüttet. Cortisol hat unter anderem eine immunsuppressive und den Stoffwechsel fördernde Wirkung. Krankheitserreger haben während der Stressphase eher weniger Chancen, den Körper lahmzulegen. Grippesymptome werden unterdrückt (Immunsuppressivität). Während einer kürzeren Stressphase zeigen Menschen daher selten Grippesymptomatiken. Bei chronifiziertem Stress liegt die Cortisolkonzentration während längerer Zeit über dem individuellen Basiswert. Die Überproduktion kann dann zu Komplikationen wie einer Schwächung des Immunsystems, einem Anstieg möglicher Infektionskrankheiten, Anfälligkeiten für koronare Erkrankungen und Gedächtnisschwierigkeiten führen. Ein Übermaß an ausgeschüttetem Cortisol kann das für die Gedächtnisleistung wichtige Hirnareal, den Hippocampus, angreifen. Der Hippocampus ist wichtig für die Überführung neuer Gedächtnisinhalte ins Langzeitgedächtnis. Wird dieser Teil des Gehirns durch eine erhöhte Cortisolausschüttung beschädigt, führt dies zu einer Verschlechterung der Gedächtnis- und Konzentrationsleistung. Nicht selten suchen Burnoutpatienten Neurologen auf, um ihre mangelnde Gedächtnisleistung abklären zu lassen. Bei depressiven Patienten haben Forscher dauerhaft erhöhte Cortisolwerte festgestellt. Auch manche Angststörungen gehen mit einer erhöhten Aktivität der Stresshormonproduktion einher. Weiter leiden Burnoutpatienten sehr häufig an Muskel-, Rücken-, Kopf- oder Bauchschmerzen. Das Herz-Kreislauf-System wirkt angegriffen, und oft wird auch ein erhöhter Blutdruck festgestellt. Solche Körpersignale führen die Betroffenen häufig zum Arzt, welcher nicht selten als Ursache den chronischen Stress diagnostiziert.

Zusammenfassung

Burnout ist keine psychiatrische Krankheit. Kein Arzt oder Psychologe dürfte Burnout als Behandlungsdiagnose stellen, berücksichtigt er die Kriterien gemäß WHO. Mit Burnout verwandt sind jedoch Störungen wie Neurasthenie, Depression oder Angst. Auf diese Krankheitsbilder greifen Psychiater oder klinische Psychotherapeuten diagnostisch zurück, wenn sie Menschen mit Burnout behandeln.

Neurasthenie oder «nervöse Erschöpfung» trat bereits Ende des 19. Jahrhunderts in den USA auf. Bei der Neurasthenie wie bei Burnout steht ein «anhaltendes Erschöpfungsgefühl» im Vordergrund. Der oder die Betroffene klagt über vermehrte Müdigkeit nach geistigen oder körperlichen Anstrengungen. Viel häufiger als Neurasthenie wird jedoch die Diagnose Depression verwendet. Auch dort sind emotionale Erschöpfung in Form verminderten Antriebs, Freudlosigkeit oder Motivationsverlust charakteristische Merkmale. Depression und Neurasthenie beinhalten den Aspekt der emotionalen Erschöpfung, der auch dem Burnout eigen ist. Keines dieser Krankheitsbilder enthält jedoch die burnoutspezifischen Voraussetzungen der reduzierten persönlichen Leistungsfähigkeit und der Depersonalisierung. Ich sehe Burnout deshalb als ein eigenes Phänomen an. Allerdings kann Burnout Vorläufer einer psychiatrischen Erkrankung sein. Eine frühzeitige Erkennung von Burnout würde demnach das Risiko, an einer Depression oder einer anderen psychiatrischen Störung (Panikstörung, Neurasthenie) zu erkranken, minimieren.

Übermäßige Angstgefühle können mit Burnout direkt zusammenhängen bzw. Burnout verursachend sein. Angst vor Kritik, zum Beispiel, führt zu einem übermäßig hohen Leistungseinsatz mit der Idee, jederzeit fehlerfreie Arbeit liefern zu müssen. Damit hängt dann auch oft eine mangelnde Delegationsfähigkeit zusammen. Dieser Mangel führt wiederum dazu, dass alle Arbeiten bei der Person mit hundertprozentigem Leistungsanspruch landen. Findet Delegation statt, dann meist nur verknüpft mit hohem Kontrollaufwand, für den sehr viel Zeit und Energie eingesetzt werden muss. Gleichzeitig sind die gegängelten Mitarbeiter unzufrieden. Diese Unzufriedenheit kann sogar so weit führen, dass auch bei ihnen das Burnoutrisiko ansteigt.

Burnout ist eine berufliche Stresserkrankung. Empfindet eine Person über längere Zeit Stress, so hat dies negative Auswirkungen auf die Psyche und den Körper. Chronischer Stress führt im Körper zu einem starken Anstieg des Stresshormons Cortisol. Der Cortisolüberschuß schwächt in erster Linie das Immunsystem und führt mit der Zeit zu einer erhöhten Anfälligkeit für Infektions- und koronare Erkrankungen. Stress erzeugt auch negative Gefühle wie Wut, Angst, Trauer und depressive Verstimmung. Langfristig wirkt er sich negativ auf die Gedächtnis- und Konzentrationsleistung aus, aber meist führen erst körperliche Beschwerden dazu, dass der Betroffene einen Arzt aufsucht. Dieser kann dann häufig keine physiologische Ursache finden und führt – meist zum Erstaunen des Burnoutpatienten – die Krankheit auf den chronischen Stress zurück.

Kapitel 8

Was können Sie in der Burnoutphase tun? Der Weg zurück in den Alltag und wie man einen Rückfall vermeidet

Wer geht zum Psychologen und wer zum Psychiater?

Burnout beginnt mit Euphorie, geht über in emotionale Erschöpfung, hinterlässt das Gefühl der Überforderung und Frustration und erzeugt schließlich eine distanzierte, negative oder zynische Einstellung zur Arbeit und gegenüber Kollegen und Mitarbeitern. Wenn dann auch noch die eigene Arbeitsleistung als ungenügend empfunden wird, weil Aufmerksamkeit, Konzentration und Durchhaltevermögen verloren gegangen sind, sind die drei Kriterien erfüllt, die den Psychologen von einem Burnout sprechen lassen. Bei jedem Menschen kann es im Laufe des Berufslebens einmal soweit kommen. Wer in einem solchen Prozess steckt, ist noch nicht krank, und kaum eine Krankenkasse wird in diesem Stadium die Therapiekosten bezahlen. Und tatsächlich ist in diesem frühen Stadium selten eine medikamentöse Behandlung mit Psychopharmaka notwendig. Und doch empfehle ich es sehr, bereits in dieser Phase einen gut geschulten Psychologen aufzusuchen. Der Betroffene wird schon in wenigen, gezielten Gesprächen wichtige Erkenntnisse im Umgang mit Stress gewinnen und an Verhaltens- und/oder Einstellungsänderungen erfolgreich arbeiten können. Zwischen den Sitzungen beim Psychologen oder der Psychologin kann der Klient die neu erworbenen Bewältigungsstrategien üben und anschließend in weiteren Gesprächen reflektieren, bewerten und anpassen. So gibt es eine realistische Chance, innerhalb von vier bis acht Sitzungen das Fortschreiten der Abwärtsspirale bis hin zu einer psychiatrischen Störung zu vermeiden. Psychologen, welche therapeutisch tätig sind und ein

Studium der klinischen Psychologie oder der Psychopathologie absolviert haben, sind grundsätzlich in der Lage, ein Burnout bzw. eine Lebenskrise von einer psychiatrischen Störung zu unterscheiden. Sie sollten auch in der Lage sein zu beurteilen, ob eine medikamentöse Behandlung und damit eine Überweisung an einen Arzt oder Psychiater angebracht ist oder nicht. Verweise ich einen Klienten an einen Psychiater, so werde ich mich nach Möglichkeit vom Berufsgeheimnis entbinden lassen, um mich mit dem Arzt über den Klienten austauschen zu können. Denn meist führe ich die psychologische Betreuung weiter, während der Arzt die Medikamente verschreibt und deren Wirkung überwacht. Dies setzt natürlich eine gute, vertrauensvolle und einvernehmliche Kommunikation zwischen Klient, Therapeut und Arzt voraus. Für den Klienten oder die Klientin ist es meist vorteilhaft, im begonnenen psychotherapeutischen Prozess verbleiben zu können. Er oder sie muss sich dann nicht auf eine neue Person einstellen, die vielleicht ein ganz anderes Psychotherapiekonzept vertritt.

Therapeutisch tätige Psychologen sind nach dem Psychologiestudium entweder den Weg über eine Coaching- oder Psychotherapieausbildung gegangen. Sowohl ein Psychotherapeut wie auch ein Coach mit Studium in Psychologie und Psychopathologie sind grundsätzlich zu einer qualifizierten Beratung befähigt. Meist unterscheiden sie sich in der Anwendung von unterschiedlichen Therapieformen. Hinter jeder Therapieform steht eine eigene Grundhaltung und Weltanschauung, die sich mit der Haltung des Beraters dem Klienten gegenüber decken sollte. Die gängigsten Therapiekonzepte sind heute die Kognitive Verhaltenstherapie, Systemische Therapie, Lösungsorientierte Kurzzeittherapie, Gestalttherapie und die Psychoanalytische Therapie. Weiter unterscheiden sich Psychotherapeut und Coach in der Schweiz hinsichtlich der Kassenpflicht. Während der Psychotherapeut in der Regel kassenpflichtig ist (nur mit Zusatzversicherung), ist dies der Coach nicht. Zu bedenken ist allerdings, dass der über die Kasse abrechnende Therapeut eine psychiatrische Diagnose stellen muss. Damit wird der Klient oder Kunde zum Patienten mit einer Krankheit. Nicht zu vernachlässigen ist, dass die Krankheit aktenkundig bei der Krankenkasse hinterlegt ist und unter Umständen von Dritten eingesehen werden kann. Liegt ein Burnout ohne eine weitere psychiatrische Störung vor, so ist keine psychiatrische Diagnose anwendbar. Damit wird auch keine Krankenkasse die Behandlungskosten tragen. Ein Psychologe, der sich für eine Coachingausbildung entscheidet, richtet also sein Angebot zum Vornherein an die Selbstzahler. Sein Angebot geht meist über das Einzelcoaching hinaus. Nicht selten gibt ein Coach selbst Seminare und berät zudem Unternehmen im Rahmen von Organisations- und Teamentwicklungsfragen. Sein Tätigkeitsfeld liegt eher in der Prävention. Er wird lösungsorientierte Kurzzeittherapien und systemische Therapieformen den psychoanalytischen Settings vorziehen. Im Gegensatz zum Psychotherapeuten oder Psychiater ist sein Titel als Coach keine geschützte Berufsbezeichnung, daher ist bei seiner Auswahl besondere Vorsicht geboten.

Der Psychiater hat ein abgeschlossenes Medizinstudium, ist meist auf innere Medizin (Psychosomatik) oder Neurologie spezialisiert und hat eine Facharztweiterbildung für Psychiatrie und Psychotherapie absolviert. Nach abgelegter Facharztprüfung ist er Psychiater und im Gegensatz zu den Psychologen berechtigt, Medikamente zu verschreiben und Arztzeugnisse auszustellen. Seine bevorzugte Therapierichtung ist häufig die Psychoanalyse, welche sich mit der Psychodynamik des Unbewussten befasst. Tiefenpsychologische Interventionsformen wenden fast alle Berater an, in der Psychiatrie ist die Arbeit mit psychoanalytischen Konzepten jedoch am verbreitetsten.

Die Burnoutklienten stehen also einem Dschungel verschiedenster Anbieter gegenüber. Meiner Ansicht nach ist das wichtigste Kriterium für die Auswahl, dass Coach, Therapeut oder Psychiater ein vertrauensvolles Verhältnis (Rapport) mit dem Coachee, Klienten, Kunden oder Patienten aufbauen können. Ist dieses Vertrauen vorhanden, ist das Vertrauen in die angewendete Therapieform meist mitgegeben. Sind aufgrund einer zusätzlichen psychiatrischen Störung Psychopharmaka indiziert, so empfehle ich gleichwohl eine zusätzliche Gesprächstherapie. Die heutige neuropsychologische Forschung geht davon aus, dass sowohl medikamentöse (Antidepressiva) wie psychotherapeutische Behandlungserfolge bei Depressiven mit einer Veränderung entsprechender Hirnaktivitäten einhergehen. Das zentrale Gehirnareal ist dabei das limbische System im Mittelhirn. Dieses ist insbesondere für unsere Gemütslage (Emotionen) zuständig. «Die Pharmakotherapie dürfte vor allem auf das limbische System wirken und sekundär mit einer Anpassung der Rindengebiete im Frontalhirn (Planen, Ausführen, Durchführen von Gedanken und Handlungen) einhergehen (bottom-up-Effekt). Umgekehrt dürften psychotherapeutische Verfahren primär eine Funktionsänderung der Hirnrinde zur Folge haben und sich sekundär auf das limbische System auswirken (top-down-Effekt)» (Hell, 2007, S. 129). Das Zusammenspiel von Psychotherapie und Psychopharmakologie scheint daher durchaus erfolgversprechend zu sein. Die Psychopharmaka bewirken, dass die Patienten einer Therapie besser zugänglich sind, weil allfällige körperliche Symptome sich meist abschwächen und der Antrieb sich verbessert. So können sich die Betroffenen auf das Therapiegespräch besser einlassen und sich genügend auf das Gespräch konzentrieren. In der Psychotherapie werden einerseits Wege aus der Krise gesucht und andererseits Strategien erlernt, um sich vor einer erneuten Burnoutphase zu schützen. Dies kann allein durch den Einsatz von Psychopharmaka (Antidepressiva) nicht erreicht werden.

Auszeit: Ja oder nein?

Die Frage nach einer Auszeit stellt sich bei einem Burnout regelmäßig. Natürlich hängt es vom gesundheitlichen Zustand und auch vom jeweiligen Arbeitgeber ab, ob eine Auszeit angebracht ist oder nicht. Viele Menschen mit Burnout, die ich bisher beobachten konnte, haben sich zunächst wegen somatischer Beschwerden an den Hausarzt gewendet. Dieser hat dann meist selber Psychopharmaka verabreicht und den Patienten für drei Wochen krankgeschrieben. Psychiater handeln häufig nicht anders. Drei Wochen sind insofern sinnvoll, da die Psychopharmaka erst nach rund drei Wochen wirken. Danach ist der Patient auf die Medikamente meist recht gut eingestellt und die ersten Nebenwirkungen sind abgeklungen. Doch was tut der Patient innerhalb dieser drei Wochen? Häufig bleibt er zu Hause und ruht sich aus. Manche gehen in diesen drei Wochen wöchentlich zum Hausarzt oder Psychiater, um über die Situation zu reden. Ist ein Klinikaufenthalt nötig geworden, dann wird dort ein spezielles Programm zusammengestellt. Ergotherapie, Entspannungsmethoden, Spaziergänge, Ernährungsberatung, Einzel- und Gruppentherapie und vieles mehr sind dann im Angebot. So erholt sich der Patient auch relativ rasch von seiner Erschöpfung. Eine Schwierigkeit sehe ich allerdings darin, dass der Betroffene danach an den Arbeitsplatz zurückkehrt und in seiner Umgebung dieses Netz von Therapieangeboten nicht mehr vorfindet. Vielleicht geht er weiterhin in eine Gesprächstherapie, die anderen ergänzenden körperorientierten Methoden geraten jedoch recht schnell ins Hintertreffen und dann in Vergessenheit. Während des ganzen Prozesses wird der Arbeitgeber wenig bis gar nicht miteinbezogen. Sehr häufig wird er vor ein Fait accompli gestellt, dass einer seiner Arbeitnehmer ganz plötzlich für einige Wochen ausfällt. Je nach Arbeitgeber tauchen Fragen auf, ob man dies nicht hätte voraussehen können. Fragen nach Schuld und Versagen bleiben meist ungeklärt. Nach der Rückkehr des Arbeitnehmers herrscht häufig eine gespannte Atmosphäre, weil bisher eine offene Aussprache ausgeblieben ist. Die Frage nach einem Rückfall hängt in der Luft. Weder dem Arbeitnehmer noch dem Arbeitgeber will die Zusammenarbeit so richtig gelingen. Dies führt dann häufig erst recht zu einem Rückfall oder gar zur Auflösung des Arbeitsverhältnisses.

Neuere Ansätze, die von einer Auszeit bei Burnout (wenn möglich) absehen, versprechen mehr Erfolg. Natürlich hängt dies auch von der Gesprächsbereitschaft und der Konflikt- und Kommunikationskultur des Arbeitgebers ab. Wird das Thema Burnout in einer Unternehmung offen diskutiert und nicht tabuisiert, stehen die Chancen für eine erfolgreiche Wiedereingliederung gut. Ich habe die Erfahrung gemacht, dass eine offene Diskussion im Team und mit dem Vorgesetzten wohltuend auf allen Seiten wirkt. Es herrscht nun Klarheit über den gesundheitlichen Zustand des betroffenen Mitarbeiters und über seinen Einsatzwillen und seine derzeitigen Fähigkeiten. Das Team lernt zudem die Symptome von Burnout kennen. Am Beispiel eines Teammitglieds können die anderen sehen, wie Arbeitgeber und Arbeitnehmer mit dieser Thematik umgehen. Sie lernen, welche Strategien nützlich sind, um aus der Krise zu kommen bzw. sich davor zu schützen. Der von Burnout Betroffene bleibt so lange wie möglich im Arbeitsprozess. Er arbeitet vielleicht nur wenige Stunden am Tag und erledigt wahrscheinlich nur einfachere Arbeiten im Hintergrund – ohne Termindruck. Diese Schonfrist ist auf drei bis sechs Wochen begrenzt. In dieser Zeit besucht der Betroffene wöchentlich eine Gesprächstherapie und baut sich ein interdisziplinäres Hilfsnetz mit Entspannungsmethoden, körperorientierten Therapieformen und anderen Methoden wie Akupunktur, Ernährungsberatung und so weiter auf. Daneben wird möglicherweise eine schon bestehende Freizeitbeschäftigung intensiver betrieben oder mit einer neuen begonnen. Auf diese Weise lernt nicht nur der Betroffene, sondern auch seine Umgebung, dass

Termine mit und für sich selber einzuhalten sind. Der Betroffene macht es vor. Da er diese Aktivitäten am Wohn- oder Arbeitsort begonnen hat, kann er auch bei vollem Berufseinsatz darauf zurückgreifen. Die meisten Menschen mit Burnout, die ich betreue, haben es auf diese Weise geschafft, ihre entsprechenden außerberuflichen Termine – mindestens teilweise – auch nach der Burnoutphase aufrechtzuerhalten. Damit beugen sie einem Rückfall aktiv vor, sie betreiben Rückfallprophylaxe. Oftmals haben Menschen, die durch eine Burnoutkrise gegangen sind, danach sehr gute Strategien im Umgang mit Arbeitsbelastungen erworben. Der Arbeitgeber sollte dies bedenken und darauf den Fokus lenken. Noch viel zu häufig richten die Arbeitgeber ihre Aufmerksamkeit auf das durchlittene Burnout. Sie haben Angst vor einer Wiederholung und Chronifizierung dieses Zustands. Das sind Zeichen einer Unternehmenskultur, die Burnout noch viel zu sehr tabuisiert. Die Tabuisierung dieses Themas erschwert also eine sinnvolle Wiedereingliederung und auch die Möglichkeit, Menschen während der Burnoutphase im Arbeitsprozess zu behalten. In solchen Firmenkulturen kann es sinnvoller sein, den Betroffenen für einige Zeit krankzuschreiben.

Jobwechsel: Ja oder nein?
Soll der oder die Betroffene nach einem erlittenen Burnout den Job bzw. das Berufsumfeld wechseln? Das kommt auf die Burnoutursache, die Burnoutintensität und auf die Unternehmenskultur an. In manchen Fällen liegt die Ursache des Burnouts an den fehlenden oder nicht nutzbringend eingesetzten Stressbewältigungsstrategien. Dann können hilfreiche Strategien erarbeitet werden, die die Betroffenen im selben Berufsumfeld anwenden und üben können. Gleichzeitig werden in der Gesprächstherapie innere Ressourcen gestärkt und/oder der Zugang dazu ermöglicht. Manchmal reichen schon vier bis fünf Sitzungen aus, damit der Klient die Abwärtsspirale des Burnoutprozesses abwenden

kann. Komplizierter wird es, wenn ein Burnout aufgrund einer Diskrepanz zwischen den eigenen Zielen und der Berufsrealität entstanden ist. Kann das Ziel der Berufsrealität in einer Weise angepasst werden, dass der Klient zufrieden ist, dann braucht es nicht zwingend einen Wechsel des Arbeitsumfeldes. Finden die eigenen Werte, Ziele und damit die Motivation zur Arbeit im beruflichen Umfeld jedoch keinen Platz (mehr), scheint ein Berufs- bzw. Stellenwechsel angezeigt. Wenn kein Sinn und keine persönliche Befriedigung aus einer Arbeit abgeleitet werden können, ist die Gefahr eines neuen Burnouts groß. Schwierig ist es für den Betroffenen, wenn Themen wie Burnout tabuisiert werden. In schwereren Burnoutfällen braucht es eine enge Zusammenarbeit zwischen Arbeitnehmer und Arbeitgeber. Offenheit, Entgegenkommen und Transparenz auf beiden Seiten sind eine notwendige Voraussetzungen für die Wiedereingliederung des Betroffenen. Sind sie nicht gegeben, bin ich geneigt, mit dem Klienten einen Stellenwechsel ins Auge zu fassen. Gleichzeitig erachte ich unter solchen Umständen auch eine Krankschreibung des Klienten für sinnvoll. Ein reduzierter Arbeitseinsatz während der Burnoutphase ist meines Erachtens nur bei Entgegenkommen, Verständnis und Kommunikationsbereitschaft des Arbeitgebers möglich.

Die Frage, ob bei Burnout ein Jobwechsel und/oder eine Auszeit ins Auge gefasst werden sollten, hängt mitunter auch von der Unternehmenskultur ab und kann damit nicht generell beantwortet werden.

Aufbau eines Hilfsnetzes

Wer unter einem Burnout leidet, braucht Hilfe. Dies zu erkennen, bedeutet bereits den ersten Schritt zur Besserung, denn oft erscheint die Situation so ausweglos, dass überhaupt keine anderen Perspektiven mehr gesehen werden. Ist der erste Schritt aber getan, geht es darum, gemeinsam mit dem Klienten oder der Klientin ein ganzes Netz verschiedener Hilfsmaßnahmen zu entwickeln, die diesen Menschen akut, aber auch längerfristig stützen. Ein solches Hilfsnetz halte ich für außerordentlich wichtig.

- *Ärztliche Betreuung bei körperlichen Beschwerden*
Abhängig vom Schweregrad der körperlichen Beschwerden sind ärztliche Abklärungen notwendig. Hier arbeite ich persönlich mit einigen Psychiatern zusammen, welche die Beschwerden abklären und allenfalls medikamentös behandeln.

- *Gesprächstherapie: Lösungsorientierte Kurzzeittherapie und Systemische Ansätze*
Die Lösungsorientierte Kurzzeittherapie ist eine spezielle Art der Gesprächstherapie. Entwickelt wurde dieser Ansatz von den Psychotherapeuten Steve de Shazer und Insoo Kim Berg. 1978 gründeten die beiden Psychotherapeuten das Brief Family Therapy Center (BFTC) in Milwaukee/Wisconsin. Diese Therapieform geht von dem Standpunkt aus, dass es hilfreicher ist, sich auf Wünsche, Ziele, Lösungen, Ressourcen zu konzentrieren anstatt auf die Probleme und deren Entstehung selbst. Die Kernaussage besteht darin, dass es ein großer Irrtum der Psychotherapie sei zu vermuten, dass zwischen einem Problem und seiner Lösung ein Zusammenhang bestehe. Von der ersten Frage an wird deshalb direkt auf die Lösung und nicht auf das Problem eingegangen: «Problem talk creates problems, solution talk creates solutions!» (Schlippe & Schweitzer, S. 35). Der Therapeut unterstützt seinen Klienten darin, den Zugang zu den eigenen Ressourcen wieder herzustellen. Weiter werden Möglichkeiten und mitunter kreative Strategien erarbeitet, damit die Person ihre Fähigkeiten in der als schwierig bezeichneten Situation anwenden kann. «Nicht mehr desselben tun, sondern machen Sie etwas anderes!» lautet die Intervention. Gestützt wird diese Therapieform durch aktuelle Forschungsergebnisse der Hirnforschung, insbesondere

das Konzept der Neuroplastizität. Es besagt, dass das Gehirn seine Struktur und die damit zusammenhängenden Funktionen laufend je nach neu gelernten Erfahrungen verändert. Das Gehirn paßt seine Struktur also laufend den gemachten Erfahrungen an. So haben wir durch Einüben von neuen Verhaltensmustern die Möglichkeit, dass sich das Gehirn bzw. seine Neuronen entsprechend neu zu vernetzen beginnen. Das alte Muster bildet sich durch Nichtgebrauch nicht nur im äußeren Verhalten, sondern tatsächlich auch neurologisch zurück. Der zunächst mentale Fokus auf neue und erwünschte Realitäten bewirkt die tatsächliche Manifestation des gewünschten Zustandes eher als die Vergangenheitsbetrachtungen von ungewünschten Zuständen.

Die Systemische Therapie basiert auf den Werken von Gregory Bateson und wurde im Weiteren geprägt von der Philosophie des Konstruktivismus (Heinz von Foerster und Ernst von Glasersfeld) sowie von Paul Watzlawick. Der systemische Ansatz geht ursprünglich auf die Familientherapie von Virginia Satir zurück und wurde dann auf Organisationen übertragen. Ein System entsteht dadurch, dass ein Unterschied zwischen den Elementen im System, «innen» und «außen», gemacht wird. Wir betrachten also einerseits die sozialen Beziehungen innerhalb einer definierten Gruppe von Menschen untereinander und andererseits die Beziehung der Gruppe oder des einzelnen Menschen zu ihrer bzw. seiner Umwelt. Hierbei zieht der Beobachter eine Grenze zwischen dem sozialen System und der Umwelt. Jedes Unternehmen, so auch eine Familie, bietet dem Individuum Gelegenheit, seine Fähigkeiten und Stärken zu entwickeln. Konflikt- und störungsfrei geschieht dies am ehesten dann, wenn das System, vergleichbar mit einem Mobile, im Gleichgewicht ist bzw. Ordnung herrscht. Ist das System im Ungleichgewicht bzw. in Unordnung, dann kann es vorkommen, dass eine oder mehrere Personen versuchen, es ins Lot zu bringen. Diese Anstrengung kann für die Betreffenden Verhaltensstörungen zur Folge haben. Eine oder mehrere Personen entwickeln also ein für sich ungünstiges Verhaltensmuster, damit das System zusammenbleibt, nicht auseinander bricht und eine Art berechenbarer Ordnung entsteht. Jede implizierte Verhaltensänderung führt dann dazu, dass das System an Stabilität verliert und sich in der Folge meist neu organisieren muss. Das heißt, eine Änderung des bisherigen Verhaltensmusters der betroffenen Person hat Auswirkungen auf die Systemstruktur und das Verhalten der anderen beteiligten Personen im System und möglicherweise auch auf die Umwelt des ganzen Systems. Um beim Bild des Mobiles zu bleiben: Das Mobile gerät, sobald ein Teil eine andere Position einnimmt, kurz ins Ungleichgewicht, bis die anderen Teile sich wieder so positioniert haben, dass wieder ein Gleichgewicht entsteht. Dazu ein eindrückliches Beispiel aus dem Berufsalltag: Ein Teamleiter weist eine leichte Burnoutsymptomatik auf. Nach geraumer Zeit zeigt ein weiteres Teammitglied Anzeichen von Stimmungsschwankungen, Depressivität, Nervosität, Verunsicherung und Ängstlichkeit (emotionale Erschöpfung). Dieses Teammitglied ist zunächst von seinen Gefühlszuständen irritiert und erachtet diese als nicht zur eigenen Person gehörig («ich bin eigentlich nicht der Typ und sehe auch keinen äußeren Anlass für diesen Gefühlszustand»). Nach und nach akzeptiert diese Person den Zustand jedoch als ihren eigenen. Hier kann es sich um ein Phänomen der Übertragung (C.G. Jung), wie sie im Verlauf einer Psychotherapie vorkommen kann, handeln. Die von Burnout betroffene Person verlagert ihre Einstellung zu bestimmten beruflichen Ereignissen und die damit verbundenen Gefühle auf einen Mitmenschen. Dieser nimmt, weil er mit solchen Mechanismen meist unvertraut ist, unbewusst diese Gefühlszustände in sich auf und identifiziert sich mit ihnen («Was ist nur mit mir los? Ich fühle mich plötzlich so grundlos niedergeschlagen»). Ich konnte in solchen Fällen beobachten, dass beide Personen weder krank noch gesund wirkten. Sie befanden sich in einem eher lethargischen Zustand, waren aber beide über Jahre beruflich einsatzfähig. Um in der Metapher des Mobiles zu bleiben: Das Mobile hing zwar etwas schief, konnte sich aber gerade noch im Gleichgewicht halten. Eine kleinere Umstrukturierung veränderte die Situation jedoch abrupt. Das auf diese Weise funktionierende «Gespann» wurde auf unterschiedliche Teams verteilt. Dies bedeutete für den einen Mitarbeiter die sofortige und vollständige Genesung. Die Lethargie verwandelte sich schon nach Tagen in die gewohnte Lebensfreude. Die andere Person hingegen reagierte innerhalb von drei Monaten mit einer akuten Burnoutsymptomatik und wurde für sechs Monate krank geschrieben. Da sich in der Folge nach der Rückkehr dieser Person keine derartige Übertragungsmöglichkeit mehr bot, mußte sie aufgrund eines Rückfalls sogar die Stelle wechseln. Eine unbelastete und gesunde Person hat in diesem Fall das Team im Gleichgewicht gehalten, indem sie Gefühlszustände einer anderen, belasteten Person übernommen hat. Damit konnte das Team in bestehender Zusammensetzung für eine geraume Zeit weiterfunktionieren.

Im Systemischen und Lösungsorientierten Ansatz wird der zu Beratende nicht als Patient, sondern als Kunde oder Klient angesehen. Er gilt als Experte für sein eigenes Leben. Therapeut, Berater oder Coach sehen sich als Sparringpartner und sind dem Klienten nicht «voraus». Bei beiden Ansätzen sind Auftragsklärung bzw. genaue Zielsetzung des Therapieziels wesentlicher Bestandteil der ersten Stunde oder sogar Stunden. Daran orientiert sich der Coach in allen Sitzungen. Wird vom ursprünglichen Auftrag des Klienten abgewichen und steht ein anderes Thema neu im Vordergrund, so erfolgt in der Regel eine gemeinsame Anpassung des Auftrages. Normalerweise reichen wenige Termine für die Bearbeitung eines Anliegens aus. Die Sitzungsabstände können zwei bis drei Wochen betragen. In der Zwischenzeit hat der Klient die Möglichkeit, seine neuen Erkenntnisse in der Praxis auszuprobieren.

- *Traditionelle Chinesische Medizin (TCM): Akupunktur*

Die Behandlung mit Akupunkturnadeln ist die bei uns im Westen wohl bekannteste Methode der Traditionellen Chinesischen Medizin. Nach Vorstellung der Chinesischen Medizin ist der menschliche Körper von einem Meridian-System durchzogen. Diese energieführenden Bahnen befinden sich auf der Körperoberfläche und stehen in Verbindung mit den inneren Organen. Durch die Stimulation spezifischer Punkte, so genannter Akupunkturpunkte, wird Einfluss auf einzelne Organe genommen. Der Fluss des Qi bzw. der Lebensenergie kann durch die Akupunkturbehandlung entweder angeregt oder gedämpft werden, je nachdem, welche Erkrankung vorliegt. Dünne Nadeln aus Edelstahl werden an bestimmten Punkten gesetzt. Ich empfehle für diese Therapieform die offiziellen MediQi-Zentren. MediQi betrachtet die Methoden der Traditionellen Chinesischen Medizin als sinn- sowie wirkungsvolle Ergänzung der uns bekannten und vertrauten Schulmedizin. Schulmediziner und TCM-Experten arbeiten in diesen Zentren zusammen.

Ich empfehle Akupunktur bei Schlafstörungen und physischen Erschöpfungsgefühlen. Meist reichen zehn Behandlungen aus, um eine deutliche Verbesserung zu erzielen. Die Gesamtdauer der Behandlung liegt bei fünf bis zehn Wochen. Zusätzlich werden meist natürliche TCM-Heilmittel abgegeben. Sie bestehen aus Heilpflanzen und werden aus China importiert. Die Rezepte werden individuell und speziell für den Patienten und seine Krankheit zusammengestellt. Die natürlichen TCM-Heilmittel sind sehr wirkungsvoll und werden bei der inneren Anwendung in heißem Wasser aufgelöst und ein- bis zweimal täglich getrunken.

- *Tiefenpsychologische Atemarbeit nach Cornelis Veening*

Die tiefenpsychologische Atemarbeit ist eine Therapieform, welche über den unbewussten Atem in den tiefen Schichten des Menschen wirksam werden kann. Auswirkungen von Burnout spüren die Betroffenen psychisch (emotional), geistig (kognitiv) und im Körper (somatisch). Erinnerungen sind aber nicht nur im Gehirn abgespeichert, nach neuesten Erkenntnissen lagern sie sich auch im Gewebe des ganzen Körpers ab. Dadurch kann der Atemfluss an unterschiedlichen Stellen im Körper blockiert werden, ohne dass wir uns dessen immer bewusst sind. Aufgrund solcher Blockaden können mit der Zeit körperliche Beschwerden auftreten. Der Atemtherapeut arbeitet mit dem Klienten an den Atemkräften. Er hilft blockierte Kräfte zu befreien, das Nervensystem zu beruhigen und Spannungen abzubauen, um so Heilprozesse zu beschleunigen. Auch das Immunsystem wird auf diese Weise gestärkt. Das erneute Fließen der Kräfte und Energien belebt das körperliche System, fördert den psychologischen Prozess und sensibilisiert für das eigene körperliche Befinden.

Diese Therapieform empfehle ich Klienten, die dem psychologischen Gespräch eher weniger zugänglich sind. In der Atemtherapie ist das Gespräch nicht zwingend erforderlich. Der psychologische Prozess wird trotzdem auf einer unbewussten Ebene ausgelöst. Auf diese Weise ist es möglich, dass der Klient mit der Zeit Worte für seine Situation findet und nach und nach den Zugang zur Gesprächstherapie findet. Oft ist es auch sinnvoll, die Prozessarbeit von beiden Seiten her anzugehen, um diese zu beschleunigen. Der Klient oder die Klientin wird auf diese Weise körperlich und psychisch optimal begleitet. Einerseits von der eher kognitiven, gesprächsorientierten Seite und andererseits von der körperorientierten, eher unbewussten Seite her. Zudem können somatische Beschwerden, die auf das Burnout zurückgehen, durch Atemtherapie Linderung erfahren.

- *Shiatsu-Therapie*
Shiatsu ist eine in Japan entwickelte Form der Körpertherapie, die aus der traditionellen chinesischen Massage hervorgegangen

ist. Am Anfang des 20. Jahrhunderts wurden in Japan verschiedene Formen der energetischen Körperarbeit mit manuellen Behandlungsmethoden kombiniert und unter dem Namen Shiatsu vereint, um sich von den reinen Entspannungsmassagen abzugrenzen. Wörtlich übersetzt bedeutet Shiatsu «Fingerdruck». Bei uns im Westen gehen wir davon aus, dass der Körper insbesondere von Blut-, Nerven- und Lymphbahnen durchdrungen ist. Nach östlicher Vorstellung verlaufen zusätzlich dazu Energiebahnen durch den menschlichen Körper, durch die die Lebensenergie Qi fließt. Auf diesen Linien, den Meridianen, liegen auch Akupunkturpunkte der chinesischen Medizin. Shiatsu ist eine energetische Arbeit, weil der Therapeut insbesondere mit den Köperenergien und Akupunkturpunkten arbeitet. Durch Dehnungen, Rotationen und Druckmassage werden diese Energiebahnen und Akupunkturpunkte bearbeitet und die Lebensenergie Qi wieder in Fluss gebracht. Ist der Energiefluss unterbrochen oder besteht ein energetisches Ungleichgewicht im Körper, so kann dies den Organismus langfristig beeinträchtigen. Dann können auch körperliche Beschwerden auftreten.

Ich empfehle die Shiatsu-Therapie für Menschen, die beruflich oder persönlich stark belastet sind. Stehen Körper und Geist unter Stress oder unter hoher Belastung, so befindet sich meist der Organismus in einem energetischen Ungleichgewicht. Dieses kann zu Symptomen wie Verspannungen, Schlafstörungen, Magenproblemen und Erschöpfung führen. Shiatsu bringt körperliche und geistige Entspannung, verbesserte Körperwahrnehmung und emotionale Ausgeglichenheit.

- *Mindfulness-Based-Stress-Reduction (MBSR)*
Die geeignete Übersetzung hierfür lautet am ehesten «Stressbewältigung durch die Übung der Achtsamkeit». Achtsamkeit meint, sich dem unmittelbaren Augenblick zuzuwenden, und zwar in einer wertfreien, annehmenden Haltung. Der Übende

konzentriert sich auf das, was er gerade fühlt, denkt und tut, ohne in Grübeleien, Erinnerungen oder Zukunftsplanungen zu verfallen. Ungeteilte Aufmerksamkeit – und darum geht es – kennen wir alle. Es gibt manchmal Augenblicke, wo wir ganz da und ganz konzentriert und wach sind. Diesen Zustand nennen die Psychologen «Flow». Wir sind dann mit etwas beschäftigt, das uns hoch motiviert und begeistert. Ähnliche Zustände erreichen wir auch mit der hier vorgestellten Meditationsform. Diese Technik stammt aus dem Buddhismus und wurde von Jon Kabat-Zinn, Mediziner an der University of Massachusetts, entwickelt. Der Übende setzt oder legt sich hin und atmet ein im Bewusstsein, dass er einatmet. Er atmet aus im Bewusstsein, dass er ausatmet. Weiter wird der Meditierende gedanklich durch seinen eigenen Körper geführt von den Fußsohlen aufwärts zu den Beinen, zum Becken, durch den Rumpf zu den Schultern, von den Fingern über die Arme bis zum Hals, Gesicht und Kopf und wieder zurück. Diese Form des MBSR wird Body-Scan genannt. Auf diese Weise werden die Muskeln gelockert, die Spannungen aufgelöst und die Konzentrationsfähigkeit gestärkt. Es gibt Hinweise, dass MBSR die Rückfallwahrscheinlichkeit bei Depressionen halbiert und Erschöpfungssymptome reduziert. Außerdem wurden gute Ergebnisse z.B. bei Herzerkrankungen und chronischen Rückenschmerzen erzielt.

Gehirnstrommessungen (EEG) zeigen zudem, dass tibetische Mönche, die regelmäßig meditieren, eine höhere Aktivität der Gammawellen (zwischen 30 und 50 Hz) und rhythmischere Gehirnströme aufweisen. Das heißt, dass die Meditation die Gehirnaktivität und den Stoffwechsel positiv beeinflusst. Neueste Forschungsergebnisse deuten außerdem darauf hin, dass das Gehirn nicht nur während der Meditation diese besonderen Leistungen erbringt. Langzeitmeditierende haben in den Regionen für Aufmerksamkeit, Reizverarbeitung und Körperwahrnehmung eine erhöhte Dichte der grauen Gehirnmasse. Das Gehirn erbringt in diesen Bereichen also auch im Alltag und auf Dauer eine bessere Leistung.

Ich empfehle diese Methode besonders bei eingeschränkter Konzentrationsleistung und bei unwillkürlichem Gedankenkreisen.

- *Yoga*

Yoga ist eine der sechs klassischen Schulen der indischen Philosophie. In Westeuropa und Nordamerika denkt man bei dem Begriff «Yoga» meist an körperliche Übungen. Es gibt jedoch ganz unterschiedliche Richtungen und Werthaltungen, die hinter diesem Begriff stehen. Einige meditative Formen von Yoga legen ihren Schwerpunkt auf die geistige Konzentration, andere mehr auf körperliche Übungen und Atemübungen. Grundsätzlich hat Yoga positive Effekte sowohl auf die physische als auch auf die psychische Gesundheit. Yoga kann unter Umständen zu einer Linderung bei verschiedensten Krankheitsbildern führen, etwa bei Durchblutungsstörungen, Schlafstörungen, nervösen Beschwerden, chronischen Kopfschmerzen oder Rückenschmerzen. Yoga hat auf viele Menschen eine beruhigende, ausgleichende Wirkung und kann somit den Folgeerscheinungen von Stress entgegenwirken. Darüber hinaus kann die mit Atemübungen und Meditation verbundene innere Einkehr genutzt werden. Yoga kann je nach Schule Atemtherapie, Shiatsu und MBSR verbinden. Ich empfehle es bei Erschöpfung, Konzentrationsschwierigkeiten, psychosomatischen Beschwerden und bei Schwierigkeiten, das eigene Körpergefühl wahrzunehmen. Es ist eine weitere Möglichkeit, die geeignet ist, um Stress abzubauen. Außerdem schult eine solche Methode das Körpergefühl. Körperliche Beschwerden können auf diese Weise frühzeitig selber wahrgenommen und oft im Selbstmanagement bewältigt werden.

- *Sport*

Interessanterweise ist Sport in meiner Umfrage bei den männlichen Spitzenführungskräften kaum zur Sprache gekommen. Zwei der befragten Frauen erleben hingegen die sportliche Betätigung als Energiespender und als Ressource zur Stressbewältigung im Berufsalltag. So meinte eine Exekutivpolitikerin: «Ich lernte Belastungen beim Sport zu ertragen. Auf der Stufe, auf der ich Velo fahre, da muss man leiden können. Man muss es ertragen können, wenn es heiß ist. Man muss es ertragen können, wenn es kalt ist. Wenn man meint, man kann nicht mehr, dann muss man wissen, dass immer noch ein Pass drin liegt. Ich staune dann jeweils schon, woher diese Flügelchen kommen, die ich plötzlich wieder habe. Dadurch weiß ich einfach auch, dass eine Krise wieder vorbeigeht. Ich habe auch meine Krisen, aber ich weiß dann wenigstens, die gehen wieder vorbei.»

Sport scheint für viele Menschen eine gute Ressource zu sein. Für mich war es erstaunlich zu erfahren, dass Spitzenführungskräfte recht wenig Sport betreiben. Tun sie es, so nicht um fit zu bleiben, sondern um mental abschalten zu können. Sie spazieren mit ihren Hunden oder spielen Golf. Beides hat den Zweck der Ablenkung vom Berufsalltag.

Ich empfehle meinen Klienten jedoch, sich ein- bis zweimal wöchentlich sportlich zu betätigen. Einerseits, weil Sport koronaren Beschwerden vorbeugt, und andererseits, weil es die Körperwahrnehmung fördert. Außerdem bleiben dank körperlicher Bewegung Muskulatur und Beweglichkeit auch im Alter besser erhalten.

Tipps für Arbeitnehmer

Stellen Sie bei sich erste Anzeichen von Veränderungen in Ihrer Arbeitsleistung fest, fühlen Sie sich auch nach den Wochenenden oder Ferien noch müde und erschöpft und stellen Sie bei sich auch Einstellungsveränderungen gegenüber der Arbeit bzw. den

Mitarbeitern oder Vorgesetzten fest, so besteht ein Burnoutrisiko. Klären Sie frühzeitig bei einem entsprechend geschulten Psychologen ab, worum es sich bei diesen Symptomen handeln könnte. Finden Sie heraus, welche Ressourcen Ihnen im Moment nicht zugänglich sind. Achten Sie auf Ihre Stressbewältigungsstrategien. Lernen Sie dabei Ihr Typenmuster kennen. Welche Strategien werden ihrem Typ gerecht? Möglich, dass sie bisher nützlich gewesen sind, heute aber einer Anpassung bedürfen. Überlegen Sie gemeinsam mit Ihrem Coach, ob Ihre Berufsziele mit der Berufsrealität noch übereinstimmen. Sind allenfalls Anpassungen nötig und wichtig? Welchen Sinn verfolgen Sie im Leben? Finden Sie diesen auch in Ihrer Arbeit? Passen Sie von Ihrem persönlichen Typenmuster her in Ihr bisheriges berufliches Umfeld? Ist allenfalls ein Karrierewechsel oder Jobwechsel angezeigt? Würden Sie es merken, wenn Ihnen Ihr Körper entsprechende Signale gibt, die einen Richtungswechsel verlangen?

Gehen Sie irgendeiner für Sie passenden körperlichen Betätigung nach. Schulen Sie Ihr Körpergefühl. Der Körper gibt Ihnen oft das erste Signal, dass Sie bei sich Veränderungen vornehmen sollten. Es lohnt sich, frühzeitig die Initiative zu ergreifen. Denn warten Sie zu lange, so könnte dies einen Zusammenbruch zur Folge haben. Der Weg könnte dann in eine Depression oder eine andere psychiatrische Erkrankung führen und psychopharmakologische Behandlungen nach sich ziehen. Dieser Weg ist oft langwierig, und in der Folge ist mit Karriereunterbrüchen oder gar Karriereabbrüchen zu rechnen.

Tipps für den Arbeitgeber

Ich empfehle, das Thema Burnout, besonders im wirtschaftlichen Umfeld, zu enttabuisieren. Offenheit und Transparenz ermöglichen einen wichtigen Informationsfluss und Aufklärung, was diese Thematik anbelangt. Auf diese Weise kann der Arbeitnehmer besser für sich selber sorgen und Vorgesetzte wissen, auf welche Symptome sie bei ihren Mitarbeitern achten sollten. Beides ermöglicht die Früherkennung von Burnout. Dies wiederum bedeutet weniger lange oder gar keine Fehlzeiten und eine problemlosere Wiedereingliederung der Betroffenen statt deren Entlassung. Ist ein Arbeitnehmer von Burnout betroffen, so geben Sie ihm die Chance, Strategien zur besseren Bewältigung der beruflichen Herausforderungen zu entwickeln. Dies könnte auch auf die anderen Mitarbeiter eine positive Signalwirkung haben. Vielleicht haben sie von diesem Mitarbeiter einiges gelernt. Mindestens sollte dem betroffenen Mitarbeiter attestiert werden, dass er seine Bewältigungsstrategien angepasst hat. Möglicherweise steht er damit viel besser als jene Kollegen da, die sich noch nie mit solchen Fragen auseinandergesetzt haben.

Ein Risiko für Burnoutfälle entsteht dann, wenn Sie den Mitarbeitern zu wenig Eigenverantwortung und Autonomie geben. Vorgesetzte mit einem überaus starken Sicherheits- und Kontrollbedürfnis fördern eine Angstkultur, auf welche die Mitarbeiter mit Burnout reagieren können. Streben Sie als Vorgesetzter eine gesunde Konflikt- und Fehlerkultur an. Beide sind Voraussetzungen für ein gesundes Arbeitsklima und zufriedene Mitarbeiter. Delegieren Sie als Vorgesetzte ganzheitliche, bedeutsame bzw. in sich geschlossene, sinnvolle Aufgaben und geben Sie ihren Mitarbeitern regelmäßig qualifiziertes, konstruktives Feedback. Achten Sie zudem darauf, ob sich ein Mitarbeiter von der Arbeitslast überfordert oder zeitlich überlastet fühlt. Reagieren Sie angemessen darauf. Setzen Sie Ihre Mitarbeiter den fachlichen Qualifikationen entsprechend ein. Achten Sie zudem darauf, dass die Mitarbeiter, auch die älteren unter ihnen, an Weiterbildungen teilnehmen. All dies fördert die Zufriedenheit und innere Motivation des Mitarbeiters, was ihn wiederum vor Burnout schützen kann.

Zusammenfassung

Ein Burnout ist keine Katastrophe, wenn dieser Zustand frühzeitig erkannt und behandelt wird. Stellen Sie über längere Zeit eine negative Veränderung in Ihrer Leistungsfähigkeit, Emotionalität und Einstellung zum Beruf fest, dann ist es nützlich, diesen Zustand mit einer Fachperson (Psychologe, Psychotherapeut, Psychiater) abzuklären. Bis zu diesem Zeitpunkt liegt auch meist noch keine psychiatrisch diagnostizierbare Krankheit vor. Die Einnahme von Psychopharmaka ist in diesem Stadium normalerweise nicht notwendig. Selbst eine Auszeit sehe ich in dieser Phase in der Regel als unnötig an. Meist ist es möglich, im Laufe von wenigen gezielten Gesprächen Verhaltens- oder Einstellungsänderungen zu erarbeiten und allfällige berufliche Zielanpassungen vorzunehmen. Damit haben Betroffene eine gute Chance, das Fortschreiten der Abwärtsspirale bis hin zu einer psychiatrischen Störung zu vermeiden.

Ein Stellen- oder Berufswechsel ist dann ins Auge zu fassen, wenn das berufliche Umfeld den Betroffenen keinerlei Sinnerfüllung mehr zu bringen vermag oder die Firmenkultur dies erschwert – wenn also das berufliche Umfeld und die Person nicht (mehr) zusammenpassen. So zum Beispiel, wenn ein Erkenntnistyp in ein Umfeld einer fast prototypischen Ordnungs- und Struktur-Kultur gerät und sich mit zahlreichen Machtkämpfen konfrontiert sieht. Wenn immer möglich ist frühzeitig eine Aussprache zwischen Arbeitgeber, dem Betroffenen und dem Psychologen anzustreben. Die Enttabuisierung des Themas Burnout ist auch und gerade in der Wirtschaft zu fördern. Nur auf diese Weise ist Früherkennung möglich und können krankheitsbedingte Ausfälle minimiert werden. Andernfalls sind Auszeiten und Stellenwechsel die Folge. Denn trotz Burnout vermögen viele der Betroffenen im Arbeitsprozess zu bleiben. Sie erfahren über eine Dauer von drei bis sechs Wochen zwar eine Schonung, lernen während dieser Zeit jedoch, ein eigenes interdisziplinäres Netz am Arbeits- oder Wohnort aufzubauen. Gesprächstherapie, alternativmedizinische Angebote, Körpertherapie, Entspannungs- und Meditationsformen, Sport und Hobbys können neben der Arbeit getestet und, falls hilfreich, weiter genutzt werden, wenn die Betroffenen wieder voll arbeiten. Auf diese Weise haben sie Vorbildfunktion für die anderen Mitarbeiter. Ein solcher Weg aus der Burnoutkrise bedeutet gleichzeitig eine Rückfallprophylaxe. Wird ein Burnout ernst genommen und entsprechend behandelt, so reduziert sich damit gleichzeitig das Risiko für einen Rückfall.

Literatur

Antonovsky, A. (1979). Health, Stress and Coping. San Francisco: Jossey-Bass.

Antonovsky, A. (1987). Unraveling the mystery of health. How people manage stress and stay well. San Francisco: Jossey-Bass.

Antonucci, T., Akiyama H. & Takahashi, K. (2004). Attachment and close relationships across the life span. Attachment & Human Development, 4, S. 353–370.

Antonucci, T. (2001). Social Relations. An examination of social networks, social support and sense of control. In J. Birren & K. Warner Schaie (Hrsg.). Handbook of the psychology of aging, (S. 427–453). New York: Academic Press.

Baltes, P. (1990). Entwicklungspsychologie der Lebensspanne: Theoretische Leitsätze. Psychologische Rundschau, 41, 1–24.

Bak, P. & Brandtstädter, J. (1998). Flexible Zielanpassung und hartnäckige Zielverfolgung als Bewältigungsressourcen: Hinweise auf ein Regulationsdilemma. Zeitschrift für Psychologie, 3, S. 235–249.

Burisch, M. (2006). Das Burnout-Syndrom. Heidelberg: Springer.

Byung-Chul, H. (2005). Was ist Macht? Stuttgart: Reclam.

Carstensen, L., Isaacowitz & C., Charles, S. (1999). Taking time seriously. Atheory of socioemotional selectivity. American Psychologist, 54, S. 165–181.

Dilling, H., & Freyberger, H. (2006). Internationale Klassifikation psychischer Störungen (ICD-10): Mit Glossar und diagnostischen Kriterien ICD-10: DCR-10. Bern: Hans Huber.

Dittmann-Kohli, F. (1995). Das persönliche Sinnsystem. Ein Vergleich zwischen frühem und spätem Erwachsenenalter. Göttingen: Hogrefe.

Enzler Denzler, R. (2008). Burnout aus ressourcenorientierter Sicht um Altersvergleich – Eine Untersuchung bei Spitzenführungskräften in Wirtschaft und Verwaltung. Zürich: Stiftung Zentralstelle Studentendruckerei.

Enzler Denzler, R. (2005). Berufliche Zielqualität und Stressempfinden bei älteren Arbeitnehmern – eine Untersuchung im Finanzdienstleistungsbereich. Universität Zürich: Philosophische Fakultät.

Enzmann, D. & Kleiber D. (1989). Helfer-Leiden. Stress und Burnout in helfenden Berufen. Heidelberg: Asanger.

Erickson, M., Rossi, E. & Rossi S. (1976). Hypnotic realities. The induction of clinical hypnosis and forms of indirect suggestions. New York: Irvington Publishers.

Fabach, S. (2007). Burn-out. Wenn Frauen über ihre Grenzen gehen. Zürich: Orell Füssli.

Filipp, S. & Mayer, A. (1999). Bilder des Alters: Altersstereotype und die Beziehung zwischen den Generationen. Stuttgart: Kohlhammer.

Foucault, M. (2005). Subjekt der Macht. In D. Defert & F. Ewald (Hrsg.). Analytik der Macht (S. 240–263). Frankfurt a.M.: Suhrkamp.

Foucault, M. (1981). Wahnsinn und Gesellschaft. Baden-Baden: Suhrkamp.

Frankl, V. (2006). … trotzdem Ja zum Leben sagen. München: Deutscher Taschenbuch Verlag.

Frankl, V. & Pinchas L. (2005). Gottsuche und Sinnfrage. Gütersloh: Gütherloher Verlagshaus.

Freudenberger, H. (1974). Staff burnout. Journal of Social Issues, 30, S. 159–165.

Goffman, E. (2003). Wir alle spielen Theater. Die Selbstdarstellung im Alltag. München: Pieper.

Gollwitzer, P. (1993). Goal achievement: The role of intentions. In W. Stroebe & M. Hewstone (Hrsg.). European Review of social psychology (S. 141–185). Wiley: Chichester.

Gussone, B. & Schiepek, G. (2000). Die Sorge um sich. Burnout-Prävention und Lebenskunst in helfenden Berufen. Tübingen: Dgvt.

Han, B.-Ch. (2005). Was ist Macht? Stuttgart: Reclam.

Hell, D. (2007). Depression. Was stimmt? Freiburg: Herder.

Hell, D. (2006). Welchen Sinn macht Depression? Ein integrativer Ansatz. Reinbeck: Rohwolt.

Hell, D. (2002). Seelenhunger. Freiburg: Herder.

Hillert, A. & Marwitz, M. (2006). Die Burnout Epidemie – Brennt die Leistungsgesellschaft aus? München: Beck.

Ilmarinen, J. (2004). Älter werdende Arbeitnehmer und Arbeitnehmerinnen. In M. v. Cranach, H.-D., Schneider E. Ulich & R. Winkler (Hrsg.). Ältere Menschen im Unternehmen. Chancen, Risiken, Modelle (S. 29– 47). Bern: Haupt.

Jasper, G. (2004). Unterschiedliche Potenziale jüngerer und älterer Arbeitnehmer erkennen und nutzen: Erfahrungen aus der Praxis. In R. Busch (Hrsg.). Altersmanagement im Betrieb. Ältere Arbeitnehmer – zwischen Frühverrentung und Verlängerung der Lebensarbeitszeit (S. 219–238). München: Hampp.

Jung, C.G. (1995). Die Archetypen und das kollektive Unbewusste (9/1). Düsseldorf: Walter-Verlag.

Jung, C.G. (1999). Praxis der Psychotherapie: Beiträge zum Problem der Psychotherapie und zur Psychologie der Übertragung (16). Düsseldorf: Walter-Verlag.

Kant, Immanuel (1974). Beantwortung der Frage: Was ist Aufklärung? In J. Zehbe (Hrsg). Was ist Aufklärung? Aufsätze zur Geschichte und Philosophie (S. 55–61). Göttingen: Vandenhoeck & Ruprecht.

Kernen, H. (2005). Arbeit als Ressource: Gesund und leistungsfähig dank persönlichem und betrieblichem Ressourcenmanagement. Bern: Haupt.

Kypta, G. (2006). Burnout, erkennen, überwinden, vermeiden. Heidelberg: Carl Auer.

Lazarus, R. & Folkman, S. (1984). Stress, appraisal, and coping. New York: Springer.

Lehr, U. (2003). Psychologie des Alterns. Wiebelsheim: Quelle & Meyer.

Loehr, J. & Schwartz, T. (2003). Die Disziplin des Erfolgs. Von Spitzensportlern lernen – Energie richtig managen. München: Econ.

Luhmann, N. (1971). Sinn als Grundbegriff der Soziologie. In J. Habermas & N. Luhmann (Hrsg.). Sinn als Grundbegriff der Soziologie (S. 8–185). Frankfurt a.M.: Campus Forschung.

Lukas, E. (2004). Alles fügt sich und erfüllt sich. Die Sinnfrage im Alter. Gütersloh: Gütersloher Verlagshaus.

Maercker, A. (2002). Psychologie des höheren Lebensalters. Grundlagen der Alterspsychotherapie und klinischen Gerontopsychologie. In A. Maercker (Hrsg.). Alterspsychotherapie und klinische Gerontopsychologie (S. 1–53). Berlin: Springer.

Maier, G. (1997). Das Erleben der Berufssituation bei älteren Arbeitnehmern: ein Beitrag zu differentiellen Gerontologie. Frankfurt am Main: Lang.

Maintz, G. (2004). Ältere Arbeitnehmer – altes Eisen? Leistungsvermögen älterer Arbeitnehmer. Ältere und Jüngere im Unternehmen. In R. Busch (Hrsg.). Altersmanagement im Betrieb. Ältere Arbeitnehmer – zwischen Frühverrentung und Verlängerung der Lebensarbeitszeit (S. 113–122). München: Hampp.

Maintz, G. (2003). Leistungsfähigkeit älterer Arbeitnehmer – Abschied vom Defizitmodell. In B. Bandura, H. Schellschmidt & C. Vetter (Hrsg.). Fehlzeiten-Report 2002 (S. 43–55). Berlin: Springer.

Martin, M & Kliegel, M. (2005). Psychologische Grundlagen der Gerontologie. Stuttgart: Kohlhammer.

Marx, K. (1974). Ökonomisch-philosophische Manuskripte. Geschrieben von April bis August 1844. Berlin: Dietz.

Maslach, C. & Leiter, M. (2001). Die Wahrheit über Burnout. Stress am Arbeitsplatz und was sie dagegen tun können. New York: Springer.

Maslow, A. (1996). Motivation und Persönlichkeit. Reinbek b. Hamburg: Rowohlt.

Mayer, K. & Baltes, P. (1996). Die Berliner Altersstudie. Berlin: Akademie.

Maaz, A., Winter, M. & Kuhlmey (2007). Der Wandel des Krankheitspanoramas und die Bedeutung chronischer Erkrankungen (Epidemiologie, Kosten). In B. Badura, H. Schellschmidt & Ch. Vetter (Hrsg.). Fehlzeiten-Report 2006 (S. 5–23). Heidelberg: Springer Medizin Verlag.

McClelland, D. (1980). Motive dispositions: The merits of operant and respondent measures. In L. Wheeler (Hrsg.). Review of personality and social psychology (S. 10–41). Beverly Hills: Sage.

Naegele, G. (2004). Verrentungspolitik und Herausforderungen des demographischen Wandels in der Arbeitswelt. In M. v. Cranach, H.-D., Schneider E. Ulich & R. Winkler (Hrsg.). Ältere Menschen im Unternehmen. Chancen, Risiken, Modelle (S. 189–219). Bern: Haupt.

Nietzsche, F. (1999). Also sprach Zarathustra. In G. Colli & M. Montinari (Hrsg.). Friedrich Nietzsche – Also sprach Zarathustra. Kritische Studienausgabe. München: Deutscher Taschenbuchverlag de Gruyter.

Paris, R. (2005). Normale Macht. Soziologische Essays. Konstanz: UVK.

Radkau, J. (1998). Das Zeitalter der Nervosität. Deutschland zwischen Bismarck und Hitler. München: Carl Hanser Verlag.

Ramaciotti, D. & Perriaud, J. (2003). Die Kosten des Stresses in der Schweiz. Staatssekretariat für Wirtschaft (Seco). Genf.

Reck Roulet, M. (2004). Ältere Mitarbeitende im Betrieb. In M. von Cranach, H.-D. Schneider, E. Ulich & R. Winkler (Hrsg.). Ältere Menschen im Unternehmen. Chancen, Risiken, Modelle (S. 51–67). Bern: Haupt.

Reime, B. & Steiner, I. (2001). Ausgebrannt oder depressive? Psychotherapie Psychosomatik medizinische Psychologie, 51, 304–307.

Renner, G. (1990). Flexible Zielanpassung und hartnäckige Zielverfolgung: Zur Aufrechterhaltung der subjektiven Lebensqualität in Entwicklungskrisen. Universität Trier.

Rösing, I. (2003). Ist die Burnout-Forschung ausgebrannt? Analyse und Kritik der bisherigen internationalen Burnoutforschung. Heidelberg: Asanger.

Schmid, A. (2003). Stress, Burnout und Coping. Bad Heilbrunn: Klinikhardt.

Schmid-Mast, M. (2000). Gender differences and similarities in dominance hierarchies. Lengerich: Pabst.

Schmid, W. (2007). Mit sich selbst befreundet sein. Frankfurt am Main: Suhrkamp.

Schröder, H. & Gilberg, R. (2005). Weiterbildung Älterer im demographischen Wandel. Empirische Bestandesaufnahme und Prognose. Bielefeld: Bertelsmann.

Selby, J. (2004). Arbeiten ohne auszubrennen. Spirituelle Techniken für den Berufsalltag. München: Deutscher Taschenbuch Verlag.

Semmer, N. & Richter, P. (2004). Leistungsfähigkeit, Leistungsbereitschaft und Belastbarkeit älterer Menschen. In: M. v.

Cranach et al. (Hrsg.). Ältere Menschen im Unternehmen. Bern: Haupt.

Sheldon, K. (2001). The self-concordance model of healthy goal striving: When personal goals correctly represent the person. In P. Schmuck & K. Sheldon (Hrsg.). Life goals and well-being: Towards a positive psychology of human striving (S. 18–36). Göttingen: Hogrefe.

Siegrist, J. (2002). Effort-reward-imbalance at work and health. In P. Perrewé & D. Ganster (Hrsg.). Organizational psychology and healthcare: European contributions (S. 35–44). München: Rainer Hampp.

Smith, J. & Delius, J. (2003). Die längsschnittlichen Erhebungen der Berliner Altersstudie (BASE): Design, Stichproben und Schwerpunkte 1990–2002. In F. Karl (Hrsg.). Sozial- und verhaltenswissenschaftliche Gerontologie – Alter und Altern als gesellschaftliches Problem und individuelles Thema (S. 225–249). München: Juventa.

Staeck, L. (2008). Zeitgemässer Biologieunterricht. Baltmannsweiler: Schneider Verlag.

Steiner, V. (2007). Energy. Energiekompetenz. Produktiver denken. Wirkungsvoller arbeiten. Entspannter leben. München: Knaur.

Storch, M. & Krause, F. (2005). Selbstmanagement – ressourcenorientiert. Bern: Huber.

Streuli, E. (2007). Mit Biss und Bravour – Lebenswege von Topmanagerinnen. Zürich: Orell Füssli.

Ulich, E. (2005). Arbeitspsychologie. Zürich: Schäffer und Pöschel.

Von Cranach, M. (2004). Die Beschäftigung älterer Menschen im Unternehmen. In M. v. Cranach, H.-D., Schneider E. Ulich & R. Winkler (Hrsg.). Ältere Menschen im Unternehmen. Chancen, Risiken, Modelle (S. 13–28). Bern: Haupt.

Weber, M. (1976). Wirtschaft und Gesellschaft: Grundriss der verstehenden Soziologie. Tübingen: Mohr.

Weber, M. (1934). Die protestantische Ethik und der Geist des Kapitalismus. Tübingen: Mohr.

Westerhof, G. (2001). Arbeit und Beruf im persönlichen Sinnsystem. In F. Dittmann-Kohli, C. Bode & G. Westerhof (Hrsg.). Die zweite Lebenshälfte – Psychologische Perspektiven. Ergebnisse des Alters-Survey (S. 195–245). Stuttgart: Kolhammer.

Winkler, R. (2005). Ältere Menschen als Ressource für die Wirtschaft und Gesellschaft von morgen. In W. Clemens, F. Höpflinger & R. Winkler (Hrsg.). Arbeit in späteren Lebensphasen (S. 127–154). Bern: Haupt.

Winter, D. (1998). Toward a science of personality psychology: David McClelland's development of empirically derived TAT measures. History of Psychology, 2, S. 130–153.

Zeitler, H. & Pagon, D. (2000). Fraktale Geometrie – Eine Einführung. Wiesbaden: Vieweg.

Zimprich, D. (2005). Kognitive Leistungsfähigkeit im Alter. In A. Kruse & M. Martin (Hrsg.). Enzyklopädie der Gerontologie (S. 289–303). Bern: Hans Huber.

Die Autorin

Ruth Enzler Denzler (1966) absolvierte zwei Studien in Jura und Psychologie an der Universität Zürich. 2008 promovierte sie in Psychopathologie zum Thema «Burnout aus ressourcenorientierter Sicht». Ihre langjährige Berufserfahrung reicht von der wirtschaftlichen Kommunikationsberatung bei einem Wirtschaftsdachverband über verschiedene Führungsfunktionen bei einer Schweizer Großbank. Heute führt die Autorin ein eigenes Unternehmen, Psylance AG, Ressourcen Management & Coaching, in Zollikon bei Zürich. Sie arbeitet als Arbeits-, Führungs-, Team- sowie Organisationscoach und berät im Einzelcoaching Führungskräfte zur Burnoutprophylaxe und Wiedereingliederung nach Stresserkrankung.

Adressen und Links

Autorin
http://www.psylance.ch

Burnout
http://www.palverlag.de/Burnout_Test.html (Selbsttest)
http://www.swissburnout.ch/

Berufsverband für Supervision, Organisationsberatung und
Coaching (BSO)
http://www.bso.ch/

Föderation der Schweizer Psychologen (FSP)
http://www.psychologie.ch

Netzwerk für Lösungsorientiertes Arbeiten (NLA)
http://www.nla-schweiz.ch/mitglieder/index.php

Stress
Stressabbau und Stressprävention am Arbeitsplatz (stress-
nostress)
http://www.stressnostress.ch/Start/start.html